Les OGM,
l'environnement et la santé

Marcel Kuntz
Directeur de Recherche au CNRS
Enseignant à l'Université Joseph Fourier (Grenoble 1)

Dans la même collection

1. Pourquoi ont-ils inventé les fractions ?
2. Anatomie des atomes
3. 2500 ans de mathématiques. L'évolution des idées
4. Les Cristaux, fenêtres sur l'invisible
5. Les Mathématiques apprivoisées
6. La Naissance des objets mathématiques
7. Les Quarks, histoire d'une découverte
8. De l'alchimie à la chimie
9. La Relativité selon Einstein
10. L'émergence des mathématiques
11. Lumières sur les couleurs
12. Le Calcul confié aux machines
13. Une petite histoire de la physique
14. La Vie
15. Le Langage silencieux de la nature
16. Promenades au pays des nombres
17. La Statistique en pratique
18. L'Écologie dans tous ses états
19. L'Odyssée du vivant
20. Il était une fois l'évolution
21. La Terre : une vie de tourmente
22. Les Mathématiques, art, science et langage
23. Une petite histoire de la médecine
24. Les Ondes aujourd'hui
25. Idées reçues en biologie
26. Des esprits aux atomes. Une histoire des conceptions de la matière
27. La Radioactivité. Mécanismes et applications
28. Un siècle de science au fil des Nobel
29. La Quadrature du cercle et le nombre π
30. Architecture de l'Univers
31. La Mer, les océans
32. De la matière vivante à la vie brevetée
33. Histoire de la logique
34. Du thermomètre à la température
35. Pour quoi et comment le sexe
36. La Chimie c'est tout une histoire. Idées et conquêtes des origines à nos jours
37. Le Climat, objet de curiosité et de polémiques
38. Une histoire de l'astronomie
39. La fin des dinosaures ?
40. De la biologie à la bioéthique
41. De l'embryon à la personne
42. Les OGM, l'environnement et la santé

ISBN 2-7298-2785-4

© Ellipses Édition Marketing S.A., 2006
32, rue Bargue 75740 Paris cedex 15

Le Code de la propriété intellectuelle n'autorisant, aux termes de l'article L.122-5.2° et 3°a), d'une part, que les « copies ou reproductions strictement réservées à l'usage privé du copiste et non destinées à une utilisation collective », et d'autre part, que les analyses et les courtes citations dans un but d'exemple et d'illustration, « toute représentation ou reproduction intégrale ou partielle faite sans le consentement de l'auteur ou de ses ayants droit ou ayants cause est illicite » (Art. L.122-4). Cette représentation ou reproduction, par quelque procédé que ce soit constituerait une contrefaçon sanctionnée par les articles L. 335-2 et suivants du Code de la propriété intellectuelle.

www.editions-ellipses.fr

AVANT-PROPOS

Les opinions sont tranchées : « Les OGM vont déclencher la plus grande catastrophe écologique » pour les uns, « les OGM vont résoudre le problème de la faim dans le monde » pour les autres. Cependant, pour beaucoup, les plantes génétiquement modifiées suscitent plutôt des questions : « Quelles sont leurs avantages ? A-t-on suffisamment de recul quant aux risques ? Ceux-ci ont-ils été examinés par des scientifiques indépendants ? » Quelques plantes cultivées, issues des biotechnologies végétales, suscitent depuis 1996 un débat sans précédent. Fort bien ! Il doit nous aider à comprendre les découvertes récentes de la biologie et à maîtriser ses applications au lieu de les subir.
Comprendre… maîtriser…, mais qui comprend et qui maîtrise ? Poser la question, c'est constater un autre fossé, plus insidieux : celui de l'inégalité devant la culture scientifique. Combien de personnes peuvent répondre avec exactitude aux questions suivantes ? Qu'est-ce que l'ADN, un gène, une protéine… ? Quelles menaces réelles pèsent sur l'environnement ? Quels risques sanitaires avérés l'alimentation véhicule-t-elle ?
Cet ouvrage ne prétend pas répondre à toutes les interrogations, mais il propose un état des lieux de la recherche, le plus complet possible (après consultation de plus de 1 500 publications scientifiques) sur un thème qui suscite passions et confrontations. Le projecteur sera braqué sur les plantes génétiquement modifiées, pour éclairer leurs impacts sur l'environnement et la santé. Cette synthèse des études scientifiques est destinée aux non-spécialistes et… aux autres qui pourront approfondir leurs connaissances en visitant les sites Internet cités.

Le chapitre 1 expose les bases indispensables, de l'ADN aux plantes transgéniques, en parcourant quelques pages d'histoire de la Vie, de l'agriculture, de la recherche... Le chapitre 2 passe en revue les études des impacts sur l'environnement, positifs ou négatifs, des cultures de plantes transgéniques commercialisées ou susceptibles de l'être dans un futur proche (car leur phase de développement est achevée). Le chapitre 3 examine plus spécifiquement les questions qui concernent directement la santé : allergies, toxicité, etc., mais aussi les bénéfices des plantes transgéniques.

Il ne saurait être question ici *des* OGM en bloc. En effet, les études très diverses résumées dans cet ouvrage ont été menées cas par cas. Ainsi, les différents types de plantes (résistant à des insectes ravageurs, ou tolérant un herbicide, ou résistant à un virus, etc.) sont-ils examinés l'un après l'autre. Il convient également de distinguer les différentes espèces et leur localisation géographique.

D'autre part, nous constaterons que parler des OGM et des évaluations qui les accompagnent, c'est évoquer des histoires *humaines* : celles des cheminements de scientifiques qui cherchent la vérité, sans la détenir, ni *a priori*, ni une fois pour toutes. Cette quête ne saurait être exempte de visions divergentes et de confrontations. Face à cette constatation – lorsque « les experts ne sont pas d'accord entre eux » –, les citoyens sont troublés. La société doit cependant accepter ces débats : c'est le prix à payer pour une place nouvelle des chercheurs au cœur de la Cité et de ses questionnements. À ce propos, gardons en mémoire que les interrogations sur les plantes génétiquement modifiées concernent en fait la science en général : celle-ci est-elle une menace, un arbitre ou la nouvelle providence ? La question des OGM relève donc d'une problématique plus large qu'il n'y paraît à première vue...

Chapitre 1
SUR L'ADN, LES GÈNES ET LES MODIFICATIONS GÉNÉTIQUES

**Les gènes et la vie
(une histoire de quelques milliards d'années)**

Caractères héréditaires, gènes, ADN... des concepts apparemment compliqués pour des réalités biologiques pourtant bien familières. Il nous suffit de constater qu'un enfant ressemble à ses parents pour appréhender la notion de caractère héréditaire. Le concept de gène a fait son entrée dans le langage courant: « c'est dans nos gènes » a été utilisé par des publicitaires pour vanter les services d'une société. L'ADN, grâce au très médiatique *test ADN*, l'auxiliaire réputé infaillible de la Justice pour l'élucidation des crimes, fait la une des gazettes. Mais comment définir en termes scientifiques les caractères héréditaires, les gènes, l'ADN?

ADN est l'abréviation de l'acide désoxyribonucléique. Il fut découvert en 1868 par Friedrich Miescher qui ne soupçonna pas qu'il s'agissait là du constituant chimique des gènes. Cela ne fut établi que bien plus tard, en 1944 par les travaux d'Oswald T. Avery et de ses collaborateurs, qui montrèrent que l'ADN pouvait « transformer » les types de la bactérie Pneumocoque ; puis par les études du *groupe du phage* et en particulier ceux de Hershey et Chase en 1952. Le groupe du phage, association informelle de chercheurs, étudiait une entité simple, un virus de bactérie (aussi appelé un *bactériophage*, littéralement : « qui mange les bactéries »). Ces virus ne sont constitués que de protéines et d'ADN. L'un des deux porte donc l'information génétique du virus. Ces chercheurs ont démontré que l'ADN, et non les protéines, joue ce rôle.

L'ADN est une longue molécule dont des segments délimitent les gènes. Par analogie, l'ADN serait l'équivalent de la bande magnétique d'une cassette audio. Le gène délimiterait une partie de la bande sur laquelle est enregistré un morceau de musique. Le caractère héréditaire correspond, lui, à un phénomène observable : dans la comparaison avec la cassette, il s'agirait de la chanson entendue par nos oreilles. La cassette entière s'apparenterait au *chromosome* qui est une longue molécule d'ADN individuelle. Le nombre de chromosomes varie d'une espèce à l'autre (23 paires chez l'Homme ; 5 chez une plante très étudiée en laboratoire, *Arabidopsis thaliana* ou Arabette des Dames). L'ensemble des chromosomes (et donc des gènes) d'un individu donné, c'est-à-dire son patrimoine génétique, correspondrait à l'œuvre musicale complète d'un auteur, enregistrée sur plusieurs cassettes. La comparaison s'arrête là : nous n'écoutons pas plusieurs chansons à la fois, alors qu'une myriade de gènes sont indispensables simultanément.

Le nombre de chromosomes ne reflète pas proportionnellement le nombre de gènes : l'Homme possède moins de 30 000 gènes, *Arabidopsis thaliana* 27 500, les bactéries beaucoup moins, quelques milliers (sur un seul chromosome). Le terme de *génome* désigne également cet ensemble de gènes propres à une espèce ; il est synonyme de patrimoine ou d'information génétique. La *génomique* constitue une discipline scientifique nouvelle qui étudie simultanément tous les gènes d'un organisme (ou du moins le plus possible). La génomique s'intéresse aussi aux fonctions des gènes et à l'influence qu'ils peuvent exercer les uns sur les autres.

La génétique, dont les origines sont souvent datées des travaux de Gregor Mendel en 1865, distingue l'information stockée (appelée *génotype*) et le caractère observable (*phénotype*). Cette discipline scientifique s'efforce de lier le caractère observé à la présence d'un gène donné, ou d'un groupe de gènes. Les caractéristiques des graines, cotylédons ou fleurs des pois de Mendel se distinguaient à l'œil nu; d'autres caractères nécessitent des instrumentations sophistiquées et des analyses fines. Certains caractères plus complexes ne dépendent pas simplement d'un gène unique, mais de plusieurs et de leur coopération.

L'ADN se trouve dans toutes les cellules vivantes, de la bactérie dont les cellules sont plus rudimentaires (elles sont dites *procaryotes*, c'est-à-dire sans *noyau* pour stocker l'ADN), aux organismes supérieurs (*eucaryotes*, où les chromosomes sont regroupés dans un noyau, une zone bien délimitée de la cellule). Dans les organismes les plus complexes, où les cellules forment des organes à la morphologie et aux fonctions différentes, comment expliquer ces différences observées, alors que l'information génétique reste la même dans toutes les cellules? Il faut, pour le comprendre, aborder le lien entre le gène et le caractère observable. Ce lien n'est pas automatique: un gène peut *s'exprimer* dans un organe donné et non dans un autre, à un moment donné et non à un autre, sous l'effet d'un *signal* donné de l'environnement et non d'un autre. Lorsqu'un gène s'exprime, l'information génétique portée par l'ADN est *transcrite* en une autre molécule relativement proche, l'ARN (acide ribonucléique), qui est lui-même *traduit* en protéine (figure 1a). Cet ARN n'est qu'un *messager* entre le lieu de stockage de l'ADN dans la cellule vivante et celui où a lieu l'assemblage des protéines. L'ADN ne remplit pas d'autre fonction connue que le stockage d'informations sous une forme chimique. Il ne possède pas d'activité biochimique propre. En revanche, les protéines assument des tâches précises dans la cellule vivante. Elles s'apparentent aux ouvrières d'une usine chimique cellulaire. Certaines protéines permettent (*catalysent*) une ou plusieurs réactions chimiques qui n'auraient pas lieu sans cette aide, du moins pas dans les conditions de la cellule. La protéine s'appelle dans ce cas une *enzyme* : citons par exemple les enzymes de digestion dans la salive, l'estomac ou le tube intestinal. D'autres protéines transportent des substances indispensables dans l'organisme ; citons l'hémoglobine qui fixe l'oxygène dans les globules rouges sanguins. D'autres protéines jouent un rôle de *structure*, en constituant certaines briques élémentaires des cellules, des tissus, etc. : citons les kératines qui sont des constituants des cheveux, du cuir ou des ongles. Les protéines diffèrent entre organismes, mais assument toujours ces grandes fonctions indispensables à la vie.

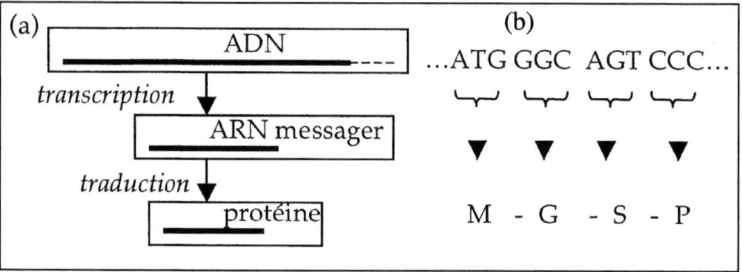

Figure 1. **Principes généraux de l'expression des gènes (a) et du code génétique (b).**
M : méthionine, G : glycine, S : sérine, P : proline.

Schématiquement, une molécule d'ADN est constituée d'un « ruban » où alternent un sucre (le désoxyribose) et un phosphate ; de plus chaque désoxyribose porte un groupement chimique appelé *base azotée*. Il existe quatre bases différentes, appelées *adénine* (A), *thymine* (T), *guanine* (G) et *cytosine* (C). Ces bases forment le support physico-chimique de l'information héréditaire. Celle-ci est déterminée par l'ordre d'apparition des bases le long du ruban. Cet alphabet à 4 lettres permet de constituer les mots que sont les gènes. Ces derniers se matérialisent par un enchaînement (on parle de *séquence*) de A, de T, de G et de C. La séquence d'apparition des bases détermine l'information génétique de la manière suivante : les lettres sont lues 3 par 3 par la cellule et chaque *triplet* définit l'insertion d'un acide aminé précis dans la protéine (figure 1b). Ces dernières sont en effet formées d'un long enchaînement d'acides aminés. Il existe 20 acides aminés naturels (*méthionine, glycine, sérine,* etc.), « codés » au niveau de l'ADN par un triplet donné. Plus exactement, comme il est mathématiquement possible de former 64 triplets différents à partir des 4 lettres A, T, C et G, certains acides aminés sont codés par plusieurs triplets dits synonymes. Le code génétique se définit donc comme la correspondance entre, d'une part, les triplets de lettres au niveau de la structure de l'ADN et, d'autre part, les acides aminés au niveau des protéines. Le code génétique (sauf exception) est universel : de la bactérie à l'éléphant, un triplet donné correspond au même acide aminé. Il ne faut pas confondre, alors que c'est souvent le cas dans la presse, le *code* génétique (qui est conservé entre espèces) et l'*information* génétique (qui, elle, est différente d'espèce à espèce). Il est donc erroné de dire qu'on vient de « *décrypter le code génétique* » d'un organisme, quand en fait les travaux ont porté sur la détermination de la séquence des lettres de l'ADN chez cet organisme (l'information génétique !). Le code, lui, est connu depuis 1961, notamment grâce aux travaux de Marshall Nirenberg et Har Khorana.

L'autre propriété importante de l'ADN se trouve dans sa structure en *double hélice* élucidée en 1953 par James Watson et Francis Crick, en s'aidant des travaux de Rosalind Franklin. Nous avons comparé ci-dessus, de manière simpliste, l'ADN à un ruban. En fait, cette structure comporte deux rubans antiparallèles (c'est-à-dire parallèles mais orientés en sens inverse l'un par rapport à l'autre). Le terme scientifique pour décrire chacun de ces rubans est *brin*. Cet agencement en deux brins permet à l'enchaînement des lettres sur un brin de dicter la nature des lettres sur l'autre brin. En effet, la cellule peut copier un brin en synthétisant son *complémentaire*. En face d'une lettre se trouve obligatoirement la lettre dite complémentaire : en face de A un T ; en face d'un T un A ; en face d'un C un G ; et en face d'un G un C. La nature peut ainsi copier à l'identique sa précieuse information génétique lorsque les cellules se multiplient, et ainsi perpétuer l'espèce.

Cependant les gènes ne sont pas immuables, loin de là ! La génétique étudie justement le gène à travers ses variations. Elles sont souvent ponctuelles sur la molécule d'ADN : on parle de *mutations* (par exemple le remplacement d'une lettre par une autre). Les variations génétiques peuvent également impliquer des déplacements de gènes (les « gènes sauteurs » ou les transferts *horizontaux* de gènes que nous discuterons plus loin). Les mutations peuvent être provoquées en laboratoire mais ont souvent des causes naturelles (erreurs de copie du gène, rayonnement ultraviolet solaire, agents mutagènes, etc.). Ces variations n'ont pas toujours des conséquences sur les caractères observables. Mais, dans certains cas, elles impliquent des effets handicapants pour l'organisme qui les subit. Dans d'autres cas, plus rares, elles peuvent procurer un avantage (résistance à une maladie, adaptation à un milieu nouveau, etc.). De plus, chez les espèces dites supérieures, chaque gène se présente généralement en 2 exemplaires (ou *allèles*), souvent non identiques, car chaque chromosome existe lui-même en double (les paires de chromosomes), sauf exceptions (chromosomes sexuels X, Y chez les animaux et l'Homme, par exemple). La reproduction sexuée répartit au hasard les chromosomes dans la descendance et ainsi brasse les allèles de gènes. L'enfant n'est pas la copie conforme des parents : pour chaque paire de chromosomes, un seul est hérité de son père, l'autre provient de sa mère. Ces mélanges de chromosomes multiplient ainsi les variations dans les caractères génétiques au sein d'une espèce donnée ou entre espèces interfertiles.

Ces variations génétiques permettent l'apparition de nouveaux caractères, la diversité, le tri des meilleurs par une compétition sans merci (l'impitoyable sélection naturelle!) et ainsi l'évolution. Conservation et évolution, deux mécanismes *a priori* contradictoires, ont permis le maintien de la vie sur Terre depuis plusieurs milliards d'années.

Les gènes et l'agriculture (une histoire d'environ 10 000 ans)

Dans l'histoire de l'Humanité, la maîtrise du feu apparaît à juste titre comme une première émancipation par rapport à la dureté de l'environnement. Le passage du stade chasseur-cueilleur à celui d'agriculteur marque un autre tournant décisif, la *néolithisation*. Fruit d'un changement culturel marquant une volonté de maîtrise de la nature, les premières cultures de plantes commencèrent au Proche-Orient, vers 9 000 ans av. J.-C. Cependant, il fallut des millénaires pour que l'agriculture devienne l'économie dominante en Europe. Mais, là où l'événement avait eu lieu, il fut suivi en cascade de conséquences inéluctables.

Effectuons, en imagination, un retour en arrière. Nombreux sont les changements dans la vie de tous les jours de l'Homme devenu agriculteur: l'économie de production de subsistance remplace l'économie d'appropriation, la sédentarisation est confortée, de nouvelles formes de vie commune s'imposent petit à petit (spécialisation des tâches, commerce). Des bouleversements politiques accompagnent ces évolutions: le chef de tribu doit s'improviser policier (il faut protéger les récoltes!), voire militaire (il faut impérativement défendre ses terres et... pourquoi ne pas en conquérir de nouvelles?). Une structuration sociale homogène cède la place, quelques millénaires plus tard, à une stratification radicalement inégalitaire de la société...

Mais les difficultés ne se limitent pas à ces contingences politico-économiques. Imaginons aussi la première récolte. Le premier cultivateur a attendu patiemment la maturité de sa récolte, l'a défendue nuit et jour contre des animaux et des voisins trop gourmands. Il pense enfin toucher le fruit de son travail, mais quelle déception : les graines se répandent au sol ! Dans la nature, les plantes ont en effet une fâcheuse tendance à relâcher et disséminer leurs graines pour assurer la survie de leur espèce. Et ce sont bien évidemment des plantes sauvages qui avaient été ensemencées dans les premiers champs.

L'apprenti agriculteur ne se décourage pas. Il sélectionne patiemment, année après année, des individus dont les graines restent sur l'épi et les privilégie lors du semi suivant. Ses descendants continueront. Et que dire de la verse ou du dessèchement des plantes soumises, de plein fouet dans le champ, aux aléas climatiques ; des maladies amplifiées par la promiscuité des plants de même espèce ; des insectes ravageurs dévastant les récoltes ; des rendements décevants ! La sélection variétale devient impérative. Elle naît avec l'agriculture, inventée par les agriculteurs qui transforment génétiquement des espèces sauvages en plantes domestiquées.

Ainsi, le maïs fut vraisemblablement domestiqué, il y a environ 7 500 ans, dans la vallée de la rivière Balsas au sud du Mexique, à partir d'une graminée appelée téosinte, une espèce sauvage qui vit toujours au Mexique. Mais cela ne suffit pas, il faut encore agir sur certains caractères héréditaires : les maïs primitifs subissent une sélection active de l'Homme. Des chercheurs ont pu montrer que les caractères sélectionnés chez le maïs par les civilisations précolombiennes concernent la taille du grain, le fait qu'il n'est plus emprisonné dans une enveloppe extérieure dure (comme chez le téosinte), mais aussi sa qualité alimentaire (entre autres la structure chimique d'un glucide complexe, l'amylopectine, qui influe sur la texture des tortillas préparées à partir de ces maïs!). Autre caractère sélectionné: la croissance de la plante, en particulier la *dominance apicale*; c'est-à-dire le port dressé où la plante croît en une seule direction, par son extrémité apicale, par opposition à une croissance ramifiée, en différentes directions, qui entraîne un aspect buissonnant comme celui du téosinte. Ces exemples de génétique paysanne datent de plus de 4 000 ans. D'autres études indiquent que 1 200 gènes de maïs, et peut-être plus, ont subi une sélection artificielle.

La domestication s'accompagne généralement d'une réduction de la diversité génétique: elle concerne souvent une population limitée en nombre et qui sera propagée. La sélection artificielle par l'Homme des gènes d'importance agronomique, au cours de cette domestication, induit une réduction supplémentaire de diversité. D'autres facteurs peuvent au contraire limiter cette homogénéisation et même l'accroître. C'est le cas de la génétique paysanne sur le maïs telle qu'elle se pratique au Mexique depuis l'Antiquité (nous en reparlerons au chapitre 2). Les paysans sélectionneurs suivaient le hasard des mutations et des dérives génétiques puis retenaient, selon les besoins du moment, les mutants supérieurs dans leur population de semences (généralement très hétérogènes). D'autres, qui avaient compris les lois de la génétique (du moins certaines), pratiquaient vraisemblablement des croisements délibérés.

Autre espèce emblématique, le blé est apparu par hybridations successives entre plusieurs graminées (engrain, épeautre, amidonnier). Originaire du Croissant Fertile au Proche-Orient, il représente peut-être la plus ancienne plante cultivée. Le blé actuel est ainsi le résultat de la sélection par l'Homme depuis 10 000 ans. La sélection variétale de cette céréale accompagne les changements dans les méthodes de panification. Ainsi les farines modernes ne demandent pas de délais de fermentation aussi longs que celles d'autrefois. Les techniques de panification de la boulangerie actuelle (qui simplifient le travail du boulanger) ne pourraient être mises en œuvre avec les blés d'il y a 50 ans.

L'obtention d'une diversité d'espèces et, dans une espèce donnée, d'une diversité de types est donc indissociable de l'histoire de l'Humanité. Mais l'homogénéisation a aussi existé à toutes les époques. L'utilisation de méthodes de sélection plus rigoureuses au XIXe siècle, et surtout au XXe siècle, a accéléré la perte de diversité et entraîné un changement économique profond (dont nous voyons encore aujourd'hui les soubresauts): les vieilles variétés sélectionnées par les communautés rurales depuis des siècles (variétés appelées *populations*) laissent peu à peu la place à des variétés fixées (*lignées, hybrides*[1]). Le travail du sélectionneur, « généticien botaniste », relaie celui du paysan. Tâche complémentaire du travail agricole mais réalisée par d'autres, même si les sélectionneurs sont, pour certains, issus du monde rural (c'est le cas de Limagrain qui revendique toujours ses origines coopératives dans la plaine de la Limagne). Comme tout travail, celui du sélectionneur mérite rémunération. La généralisation de l'achat des semences induit-elle une « dépendance » de l'agriculteur? Certains le pensent. Indépendance des *paysans*, ou priorité aux apports économiques pour ceux qui sont devenus des *exploitants agricoles*? Ces deux visions du monde rural divisent toujours les agriculteurs. La génétique est au cœur du débat, ainsi que d'autres questions connexes (intrants, agriculture intensive, endettement, etc.) lues à la lumière des mêmes fanaux politiques.

La controverse sur les plantes *génétiquement modifiées*, plus connues sous le terme générique d'OGM (organismes génétiquement modifiés), a elle aussi, n'en doutons pas, un moteur politique qui fonctionne au même carburant. Il est vrai que des systèmes d'« allumage » multiples accroissent son rendement

---

[1]. Pour en savoir plus: http://geves.zarcrom.fr.

dans le cas des OGM: inquiétudes profondes des consommateurs au sujet de la sécurité sanitaire des aliments dans le prolongement de l'affaire de l'*encéphalopathie spongiforme bovine* (maladie de la « vache folle »), prégnance des thèmes environnementaux dans l'air du temps de ce début de XXIe siècle, discrédit croissant des élus, méfiance vis-à-vis des industriels, etc. Les divisions du monde agricole sont clairement tranchées sur la question des OGM, entre partisans déjà engagées dans leur culture à grande échelle ou qui souhaitent les utiliser (avec peut-être trop d'espoir car une technique ne peut résoudre tous les problèmes), et adversaires dont les plus déterminés participent à la destruction de parcelles expérimentales, même si leur superficie est réduite, même si toutes les précautions semblent prises pour éviter la dissémination de pollen (distance de séparation, castration du maïs, ensachement des fleurs mâles). D'autres encore ont opté pour l'attentisme.

La question des brevets sur le vivant – ou plus exactement, dans la terminologie française, des organismes ayant intégré une invention biotechnologique – apparaît emblématique. Aucune différence n'existe en Europe, dans le droit de ressemer le grain récolté, entre OGM et plantes conventionnelles[1], contrairement aux affirmations souvent propagées. Il est ainsi hautement significatif que cette question du « privilège » de l'agriculteur (pouvoir ressemer une partie de sa récolte, même si la variété est protégée), supposé menacé par les brevets, soit devenue un thème hautement mobilisateur dans le monde rural et largement au-delà. Le cadre législatif est, en revanche, très différent aux États-Unis et au Canada: il ne reconnaît pas ce droit. Des procès opposent des semenciers à des agriculteurs sur cette question. Dans ce contexte, la « victimisation » d'agriculteurs reconnus coupables d'infraction à

---

1. Le lecteur pourra consulter sur Internet la Directive européenne 98/44/EC (http://europa.eu.int/eur-lex/fr/; voir *Journal Officiel* L213 du 30 juillet 1998) et sa transposition en droit français (www.assemblee-nationale.fr/12/ta/ta0357.asp).

la législation sur les brevets pour avoir « contrefait », en connaissance de cause[1], une variété protégée est tout aussi révélatrice du caractère « sensible » de la propriété des semences.

Brève histoire d'une avancée majeure de la recherche (un quart de siècle)

Qu'est-ce qu'un OGM ? La définition légale en est : micro-organisme, animal ou plante qui a subi une modification de son patrimoine génétique initial, par ajout, remplacement ou enlèvement d'au moins un gène, par une technique de laboratoire connue sous le nom de *transgenèse*. Autrement dit, il s'agit généralement du transfert (de la « greffe », en quelque sorte) en laboratoire d'un gène étranger dans un organisme receveur donné. Celui-ci possédera ainsi, en plus de ses quelques dizaines de milliers de gènes (s'il s'agit d'une plante), un ou plusieurs gènes additionnels qui lui conféreront le ou les caractères héréditaires portés par ces segments d'ADN. Du moins lorsque la greffe est réussie, que le gène s'exprime et que le caractère observable attendu est effectivement observé. Légalement, le terme *transgénique* est synonyme de génétiquement modifiée. Scientifiquement, il en va tout autrement. On peut considérer que toute variation dans l'information génétique d'un organisme, transmise à sa descendance, représente aussi une *modification* : une mutation naturelle ou provoquée en laboratoire, par exemple, constitue une modification génétique.

---

1. www.canlii.org/ca/jug/csc/2004/2004csc34.html.

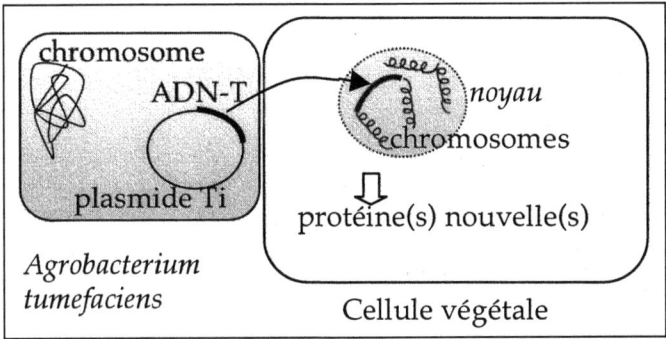

Figure 2. Transfert et intégration des gènes présents sur l'ADN-T dans un chromosome de plante.

La technique la plus couramment utilisée pour produire des plantes génétiquement modifiées est adaptée d'un processus de « génie génétique » naturel réalisé par une bactérie du sol : *Agrobacterium tumefaciens*. C'est aussi historiquement la première technique utilisée. Cette bactérie constitue l'agent d'une maladie appelée la galle du collet, caractérisée par la formation d'excroissances sur la plante infectée. Cette maladie résulte du transfert d'un segment d'ADN, l'ADN-T (T pour transféré ; voir figure 2), de la bactérie vers les cellules de plantes : les gènes ainsi transférés deviennent fonctionnels dans la plante et dictent la synthèse de protéines nouvelles. Ces dernières entraînent une multiplication rapide des cellules (d'où la formation des excroissances) et la production de substances nutritives pour la bactérie (substances appelées *opines*, qui sont sources de carbone, d'azote et d'énergie). Grâce au transfert de gènes, la bactérie détourne à son profit une partie des ressources des cellules de plantes transformées. L'« usine cellulaire » reprogrammée travaille maintenant pour la bactérie.

Ces gènes transférés par la bactérie dans le génome de cellules végétales ne sont pas transmis à la descendance de ces plantes (le transfert se limite généralement à des cellules comme celles de la tige, qui ne produisent pas de cellules sexuelles). Du moins en général car des exceptions existent où cette transmission a bien eu lieu, notamment chez des espèces du genre *Nicotiana* (tabac) qui portent, de génération en génération, de tels gènes originaires de la bactérie. Il s'agit donc bien dans ce cas d'une transformation *génétique* (transmission à la descendance) et non pas simplement *génique* (transfert de gènes mais sans transmission à la descendance). La transgenèse existe donc dans la nature !

Ces gènes d'*A. tumefaciens*, présents naturellement sur l'ADN-T, peuvent être enlevés en laboratoire et remplacés par un autre segment d'ADN qui nous intéresse, nous Humains. *A. tumefaciens* réalisera alors le transfert de ces nouveaux gènes (placés sur l'ADN-T modifié) vers les cellules de plantes, comme s'il s'agissait de ses propres gènes. La bactérie sera ensuite éliminée par un antibiotique lors de la culture *in vitro* des cellules transformées. Ce micro-organisme aura servi de « passeur » de gènes. Les cellules de plante qui ont intégré le ou les gènes ainsi transférés ne formeront pas les excroissances de la galle du collet mais exprimeront le ou les caractères génétiques nouveaux dictés par ces gènes. Par des techniques de culture et régénération *in vitro*, une plante entière, dont chaque cellule est génétiquement modifiée, peut être obtenue à partir d'une seule cellule transformée. Il s'agit d'une plante *transgénique*. Les gènes ainsi transférés seront, sauf exceptions, transmis à la génération suivante de la plante, selon les lois de l'hérédité.

D'autres techniques existent également. L'une d'entre elles utilise un « canon à particules » qui projette, grâce à un système de gaz comprimé, des microparticules d'or ou de tungstène enrobées d'ADN. Les cibles de ces microparticules seront les tissus placés sur la trajectoire (une feuille par exemple). Dans les cellules atteintes par les particules, l'ADN se dissoudra dans le milieu cellulaire et pourra s'intégrer au génome des cellules. On qualifie souvent cette méthode de *biolistique*, une contraction de biologique et balistique !

L'histoire des plantes génétiquement modifiées, c'est en partie celle de Jeff Schell (même si les contributions d'autres auteurs ne doivent être occultées). Jozef S. Schell naît en 1935 en Belgique. Il étudie la zoologie à Gand, puis soutient une thèse de taxonomie bactérienne. Ses stages post-doctoraux, notamment aux États-Unis, confirment ensuite son intérêt pour la génétique bactérienne. En 1967, le brillant chercheur décroche une chaire à l'Université de Gand où il fonde un laboratoire de génétique générale. À ses élèves, Jeff Schell propose des sujets de recherche sur les bactéries, et notamment sur le principe actif produit par *Agrobacterium tumefaciens* qui déclenche la gale du collet. Ce principe est-il un virus (un bactériophage) multiplié par cette bactérie comme le proposent certains ? Comme nous l'avons vu plus haut, les bactériophages sont des entités biologiques simples formées d'ADN et de protéines. Pourquoi ne pas imaginer que des bactériophages, dont on connaît maints exemples, se multiplient dans les cellules d'*A. tumefaciens*, sont libérés et infectent des cellules de plantes. Mais cette voie de recherche s'avère un échec.

Mais un jour, c'est bien un ADN spécifique que les chercheurs observent dans une souche virulente *d'A. tumefaciens*. Cet ADN est absent dans une souche non-virulente. De surcroît, il n'est pas inséré dans le chromosome unique de la bactérie : il reste autonome (on appelle *plasmides* ces ADN « libres »). Il est dénommé plasmide Ti (pour *tumor-inducing*, voir figure 2, page 17). Les découvertes s'enchaînent, avec Marc Van Montagu, son compère de Gand, avec le Français Jacques Tempé et ses collègues (qui comprennent la stratégie bactérienne de colonisation génique des cellules de plantes), et avec bien d'autres. Les premières cellules transformées de plantes sont obtenues : un ADN étranger inséré dans ce plasmide Ti peut être transféré dans la plante ! Plus exactement

l'ADN étranger doit être inséré dans la partie appelée ADN-T du plasmide Ti. D'autres laboratoires avancent sur le même rythme de découvertes : la compétition s'avère forte !
En 1978, J. Schell est nommé directeur du Max-Planck-Institut für Züchtungsforschung à Cologne. Le généticien des bactériens sait que ces découvertes révolutionneront un autre domaine de recherche, la biologie végétale. En 1983, il annonce l'obtention de la première plante transformée par un ADN étranger. Le prototype est là, ainsi que... la concurrence qui publie la même année des résultats similaires : aux États-Unis, Mary-Dell Chilton et ses collaborateurs, et déjà la société Monsanto ! Les premières applications de cette avancée permettront de mieux comprendre l'expression des gènes de plantes, notamment sous l'influence de la lumière. Suivront un nombre incalculable de publications scientifiques, d'un nombre aussi incalculable de laboratoires dans le monde, qui utiliseront l'outil que représente la transformation génétique pour comprendre les mécanismes intimes des plantes.

J. Schell décède le 17 avril 2003, sans savoir si tous ses rêves se réaliseront.

Applications et exigences sécuritaires (une dizaine d'années)

À l'heure actuelle, les espèces génétiquement modifiées mises sur le marché sont essentiellement au nombre de quatre, toutes de grandes cultures, destinées à la vente sur les marchés mondiaux : colza, coton, maïs et soja. Les caractères introduits sont la tolérance à un herbicide ou la résistance à un insecte (plantes dites Bt), ou les deux cumulés. D'autres espèces sont également concernées, comme la papaye résistant à un virus ou des œillets à la couleur nouvelle, mais il s'agit de superficies de culture modestes. Des tomates et des pommes de terre génétiquement modifiées, mises sur le marché, n'ont pas obtenu de succès commercial à ce jour.

Les chiffres les plus fiables indiquent environ 90 millions d'hectares dans le monde en 2005 – l'équivalent de 6 fois la superficie des grandes cultures en France. Le tableau 1 résume les superficies dominantes.

Tableau 1. Estimations de l'ISAAA (www.isaaa.org) des superficies par types de plantes transgéniques en 2005.

Principales ESPÈCES transgéniques cultivées commercialement	CARACTÈRES conférés	SUPERFICIES (millions d'hectares)
soja	tolér. herbicide	54
maïs	Bt	11
maïs	Bt + tolér. herb.	6,5
coton	Bt	4,9
colza	tolér. herbicide	4,6
coton	Bt + tolér. herb.	3,6
maïs	tolér. herbicide.	3,4

Dans le cas du soja, 60 % de la production mondiale serait transgénique. La proportion ne serait que de 28 % pour le coton, 18 % pour le colza et 14 % pour le maïs (chiffres 2005). Le tableau 2 compile les principaux pays producteurs, les espèces et les superficies concernées.

Tableau 2. **Estimations de l'ISAAA (www.isaaa.org) des superficies de plantes transgéniques en 2005 par pays.**

PAYS	ESPÈCES transgéniques cultivées commercialement	SUPERFICIES (millions d'hectares)
États-Unis	coton, colza, maïs, soja	49
Argentine	soja principal. + coton, maïs	17
Brésil	soja	9,4
Canada	colza, maïs, soja	5,8
Chine	coton	3,3
Paraguay	soja	1,8
Inde	coton	1,3
Afrique du Sud	coton, maïs, soja	0,5
Uruguay	maïs, soja	0,3
Australie	coton	0,3
Roumanie	soja	0,1
Mexique	coton, soja	0,1
Espagne	maïs	0,1
Philippines	maïs	0,1

D'autres espèces, comme le riz résistant aux insectes, pourraient se joindre à cette liste. Cela est envisageable pour la betterave tolérant un herbicide ou résistant à des virus. Un blé développé aux États-Unis, tolérant un herbicide, a vu sa commercialisation repoussée en raison d'inquiétudes sur la possibilité d'exporter cette céréale hors du pays. Une luzerne tolérant un herbicide a obtenu les autorisations requises aux États-Unis et au Canada en 2005.

La recherche publique européenne peut-elle développer ses propres produits dans un futur proche ? Non, car ce secteur de recherche a été laminé par la controverse, laissant ainsi un monopole *de facto* aux laboratoires nord-américains et de certains pays émergents. Les efforts de recherche publique de pays pauvres aboutiront-ils à des mises sur le marché ? Certainement pour la Chine et l'Inde ; difficile à dire pour les autres. Citons simplement un recensement publié dans la revue *Nature Biotechnology* (janvier 2005) qui fait état de 201 transformations de plantes, sur 45 espèces, dans 15 pays pauvres (dont l'Égypte, le Zimbabwe et le Kenya).

Les autorisations de mise sur le marché (AMM) réclament une évaluation préalable des risques qui se pratique dans un cadre réglementaire. En Europe, celui-ci est le plus contraignant au monde et la directive européenne 2001/18/EC[1] joue un rôle central. Dans sa partie B, elle régit les autorisations d'essais au champ. Celles-ci sont accordées ou non par les États-membres de l'Union européenne, après avis des agences nationales d'évaluation[2]. La localisation des sites d'essai est également rendue publique. Au cours de l'essai et postérieurement, une ou plusieurs inspections sont menées afin de vérifier si la mise en place se conforme aux contraintes fixées par la décision d'autorisation (par exemple les distances d'isolement). Dans sa partie C, la directive régit les AMM. Précisons qu'un OGM autorisé à l'importation n'est pas *ipso facto* autorisé à la culture en Europe. Ces décisions sont prises au niveau communautaire, et sont effectives dans tous les États-membres qui conservent néanmoins, en cas de désaccord sur une AMM, la possibilité de faire jouer une clause de sauvegarde, à condition de fournir des justifications valables.

---

1. http://europa.eu.int/eur-lex/lex/fr/index.htm ; *Journal Officiel* L106 du 17 avril 2001.
2. http://gmoinfo.jrc.it/

Dans les faits, même sans arguments scientifiques validés par l'Autorité européenne de sécurité des aliments (Efsa)[1], certain pays européens passent outre aux injonctions de la Commission européenne de levée de la clause de sauvegarde. Les OGM et les produits dérivés mis sur le marché européen doivent également satisfaire aux conditions d'étiquetage et de traçabilité en vertu du règlement 1830/2003/CE. Grâce à la directive 2001/18/EC, la Commission de l'Union européenne entend « assurer la libre circulation des produits génétiquement modifiés sûrs et sains », c'est-à-dire éviter les contradictions avec ses accords internationaux que ne manqueraient pas de créer une interdiction durable. La directive limite les autorisations à 10 ans et impose une surveillance après AMM. Des procédures de détection des OGM doivent être disponibles. D'autre part cette directive s'appuie sur des bases qui sortent du champ scientifique. Ainsi se réfère-t-elle explicitement au « principe de précaution » qui est interprété sous l'angle éthique des *actions* que les autorités devront prendre en cas d'incertitude concernant des dommages à la santé humaine ou à l'environnement. La directive introduit aussi l'obligation d'informer le public et la possibilité donnée au Conseil (c'est-à-dire aux États-membres) d'adopter ou de rejeter, à la majorité qualifiée, les propositions d'autorisation de la Commission.

Sur ses modalités scientifiques, cette réglementation ne diffère pas fondamentalement de celle des pays nord-américains : les principes de l'évaluation des risques sont les mêmes. Le risque est toujours défini selon l'équation suivante : *Risque = Danger × Exposition au danger*. Le danger étant un événement théorique, aux conséquences supposées négatives ; l'exposition étant la probabilité que cet événement se produise. À titre d'exemple, le risque sanitaire d'un produit chimique (même très toxique) sera faible si l'on n'entre pas en

---

1. www.efsa.eu.int/science/gmo/gmo_opinions/catindex_fr.html.

contact avec ce produit ! À l'inverse, le risque d'un produit faiblement toxique sera accru en cas d'ingestion massive. La définition scientifique des deux paramètres est donc indispensable lors de l'évaluation (nous en reparlerons aux chapitres suivants).

Chapitre 2
SUR LES PLANTES GÉNÉTIQUEMENT MODIFIÉES ET L'ENVIRONNEMENT

Les plantes Bt : auto-défense contre des insectes nuisibles

Quelques généralités

Les plantes génétiquement modifiées pour résister à un insecte ravageur représentent une fraction importante des OGM commercialisés, derrière les variétés tolérant un herbicide. Examinons d'abord leurs caractéristiques génétiques. Aujourd'hui, ce caractère de résistance est fourni exclusivement par des toxines Bt, ainsi nommées parce que les gènes qui les codent proviennent du bacille de Thuringe (*Bacillus thuringiensis*). Cette bactérie fut isolée pour la première fois en 1901, par le bactériologiste japonais S. Ishiwata, à partir de cultures de vers à soie subissant une maladie d'origine microbienne. L'espèce *B. thuringiensis* possède plus de 170 toxines insecticides, réparties dans des sous-espèces recueillies dans divers milieux naturels. Ces toxines Bt sont des protéines et certaines, nommées cry (pour cristal), se présentent sous une forme cristalline lorsque la *B. thuringiensis* se trouve en état d'attente (spores) avant de se multiplier. Les spores de la bactérie et les cristaux de la toxine sont aussi utilisés en agriculture (notamment biologique) par épandage sur les cultures. Certaines souches d'une sous-espèce donnée, en vente libre sous diverses marques ou sous la dénomination « insecticide naturel », permettent la lutte contre les ravages causés par les insectes d'un *Ordre* donné (ou de deux Ordres, dans certains cas). Les souches commercialisées combattent des insectes des Ordres suivants : lépidoptères (papillons), coléoptères (insectes très divers, tels les hannetons, charançons, etc.) ou diptères (moucherons, moustiques). Des souches de la sous-espèce *kurstaki* contrôlent ainsi les lépidoptères suivants : carpocapse des pommes et des poires, tordeuses de la pelure du pommier ou de la vigne, noctuelle des fruits de la tomate, piéride du chou, etc. Cette lutte biologique montre généralement une meilleure efficacité contre les larves que contre les adultes. La toxine synthétisée par une variété de plante génétiquement modifiée, grâce à un gène Bt/cry, possède la même spécificité contre un Ordre d'insectes ; elle n'est pas toxique de manière générale pour les autres insectes.

Comment agissent ces toxines ? Il faut préciser que ces protéines sont présentes dans les bactéries sous une forme « complète », appelée *protoxine*, qui est inactive (non insecticide). Puis, dans l'estomac des insectes, lorsque le cristal de protéine est dissous, cette protoxine est sectionnée par une enzyme digestive de l'insecte pour donner lieu à la forme dite *mature* de la protéine (la toxine proprement dite). Celle-ci n'a plus que la moitié environ de sa taille d'origine mais devient insecticide. Cette toxine se fixe sur des *récepteurs* présents sur la paroi intestinale de l'insecte, ce qui entraîne la formation de *pores* (tout simplement des trous) dans ses cellules intestinales. L'insecte meurt ainsi en quelques heures.

Dans le cas du maïs, les premières variétés mises sur le marché combattent simultanément deux lépidoptères, la pyrale (*Ostrinia nubilalis*) et la sésamie (*Sesamia nonagrioides*).

La chenille du papillon pyrale est responsable de dégâts considérables dans les cultures de maïs aux États-Unis et au Canada. En Europe, ces dégâts semblent moindres dans le nord (ils pourraient cependant s'accroître) mais non négligeables dans le sud. La chenille creuse des galeries qui minent les tiges ou les *panicules* mâles (plumet au sommet de la plante portant les fleurs mâles), les fragilisant et contribuant au dessèchement des plants. Citons deux variétés de maïs génétiquement modifiées qui possèdent une résistance à ces lépidoptères : Bt11 développé par Syngenta (ex-Novartis) et Mon810 développé par Monsanto. Les deux contiennent une version raccourcie, de manière différente, du gène nommé cry1Ab, isolé de la sous-espèce *kurstaki* de *B. thuringiensis*.

Mise à part la taille de la protéine (plus grande à l'origine dans la bactérie ; mais rappelons toutefois qu'elle est coupée dans l'estomac de l'insecte pour donner lieu à la toxine active), aucune différence de propriété ne distingue la toxine bactérienne de celle synthétisée par ces maïs.

Les alternatives à la transgenèse dans la lutte contre la pyrale sont les insecticides chimiques ou la lutte biologique en épandant un champignon, *Beauveria bassiana*, ou une guêpe parasite, le trichogramme, qui pond ses œufs directement dans les larves de la pyrale. L'utilisation du trichogramme a progressé ; ces guêpes sont disponibles commercialement grâce à un dispositif breveté qui comporte de petites capsules où les larves vivent en parasitant un autre insecte, en attendant de s'échapper sur les cultures de maïs. L'efficacité des luttes biologique et chimique est cependant limitée par l'inaccessibilité à un traitement externe de la pyrale lorsqu'elle a pénétré dans les plantes. De nombreux agriculteurs choisissent de ne pas traiter, en raison du coût des traitements, de leur efficacité limitée ou tout simplement parce qu'ils subissent des dommages négligeables.

La pyrale est nommée *European Corn Borer* aux États-Unis, ce qui rappelle son origine : il s'agit d'un fléau européen qui a envahi l'Amérique à partir de 1917. Un autre insecte, la chrysomèle des racines (*Diabrotica virgifera virgifera*) est, elle, un fléau (vraisemblablement) originaire d'Amérique qui envahit l'Europe. Et la menace avance: présente depuis longtemps en Amérique du Nord où elle est le ravageur du maïs le plus nuisible, la chrysomèle s'est introduite au début des années 90 en Serbie d'où elle se propage dans les pays voisins; elle a également été découverte en Italie en 1998, en Suisse en 2000, puis en région parisienne, en Alsace... Il semble s'agir d'invasions biologiques récurrentes dont les causes ne sont pas connues. Le repérage des insectes de manière consistante près d'aéroports semble néanmoins indiquer leur arrivée par avion, vraisemblablement par le fret. Précisons aussi que les accusations d'introduction intentionnelle, lancées par certains opposants aux OGM, ne sont étayées par aucun élément factuel.

La chrysomèle est un coléoptère ravageur du maïs. Les adultes se nourrissent des soies des fleurs femelles et pondent leurs œufs dans le sol. Au printemps suivant, ceux-ci éclosent et forment les larves. Ces dernières causeront les dommages les plus importants en s'alimentant des racines. La chrysomèle est sensible à certaines toxines de type Bt; ainsi la variété de maïs Mon863 est-elle résistante grâce au gène cry3Bb1 transféré de la sous-espèce *kumamotoensis* de *B. thuringiensis*. L'utilisation de variétés de maïs à enracinement profond, l'emploi d'insecticides chimiques ou la rotation des cultures peuvent aider à la lutte contre la chrysomèle, mais avec des efficacités variables. À l'heure actuelle, dans les pays qui tentent de s'opposer à la progression du fléau, la chysomèle est détectée grâce à des pièges à phéromone (substance qui attire les insectes) et la zone est traitée massivement aux insecticides.

Le coton représente l'autre grande culture de type Bt. Les gènes introduits sont, dans le cas des variétés actuelles, cry1Ac (variété *Bollgard*) ou cry1Ac plus cry2Ab (*Bollgard II*) afin de combattre le ver américain de l'épi du maïs (*Helicoverpa zea*) ou son cousin d'autres continents (*Helicoverpa armigera*, aussi appelé noctuelle de la tomate) ou encore d'autres lépidoptères. Une variété autorisée en 2004 aux États-Unis contient un autre gène de résistance aux lépidoptères, cry1F, qui est combiné avec cry1Ac dans la variété *WideStrike*. Signalons aussi, bien qu'il ne soit pas encore au stade commercial, le développement de cotonniers résistant à divers lépidoptères grâce à une autre protéine insecticide, appelée Vip3A, originaire aussi de *B. thuringiensis*, mais sans autre parenté avec les toxines cry.

Dans le cas de la pomme de terre, le gène cry3A permet de lutter contre les doryphores. Cependant, malgré leur réussite technique, de telles variétés n'ont connu qu'un succès commercial médiocre (dû à une moins bonne communication des industriels en direction des producteurs nord-américains?). De plus, certains transformateurs (McCain, McDonald's, etc.) ont choisi de ne pas utiliser ces pommes de terres transgéniques. À l'heure actuelle, ces variétés ne sont plus en vente.

Les plantes Bt :
une réduction dans l'emploi des insecticides ?

Aux États-Unis, en ce qui concerne le maïs, une réduction a été constatée dans la consommation d'insecticides grâce à l'adoption des variétés Bt – elle peut être importante localement, chez certains agriculteurs – mais elle reste modeste dans les chiffres totaux car les traitements par insecticides chimiques, bien que massifs en certains endroits, ne concernent que 10 % des superficies totales de maïs. En revanche, la réduction apparaît très significative dans le cas du coton pour lequel l'usage d'insecticides est très largement majoritaire. Il faut souligner qu'il y a consensus sur cette tendance générale y compris dans les rapports datant de novembre 2003 et octobre 2004, signé de Charles Benbrook, un consultant privé, dont les rapports (financés par des organisations anti-OGM) ne présentent pas habituellement les plantes génétiquement sous un jour positif...

En Chine, les chiffres disponibles indiquent également une réduction importante de la consommation d'insecticide pour le coton Bt, mais les données restent encore limitées.

En Inde, une certaine confusion règne : à côté d'une vingtaine de variétés hybrides de cotonniers, autorisées et certifiées (chiffres de 2005), cohabitent des variétés dites « *non-officielles* » (portant le même gène cry1Ac) et des variétés vendues comme des Bt par des personnes peu scrupuleuses mais présentant une résistance aux insectes nulle ou partielle. Dans ce dernier cas, il peut s'agir de la descendance d'hybrides, ce qui est une pratique moins onéreuse mais impropre à conserver les caractères. En effet, ces descendants (dits F2) ne sont pas homogènes : le gène cry1Ac unique de l'hybride (dit F1) se répartit de manière aléatoire chez les plantes F2. Il faut, au contraire, recréer l'hybride F1 chaque année, en croisant à nouveau les deux lignées parentales d'origine. Il existe aussi une certaine variabilité d'efficacité régionale pour les hybrides officiels (tous n'ont pas été autorisés dans certains États). De plus, une étude du *Central Institut for Cotton Research* de ce pays, publiée en 2005, indique que la quantité de protéines Bt baisse dans les cotonniers âgés et que sa répartition dans la plante n'est pas optimale (chez les huit hybrides testés). La mortalité des insectes ravageurs serait ainsi faible dans ces cotonniers âgés, ce qui amène les auteurs de l'étude à proposer un traitement additionnel, par biopesticides de préférence ou par insecticides de synthèse, au moment opportun et là où c'est nécessaire. Il faut noter qu'une telle variation saisonnière existe aussi chez les variétés exploitées dans d'autres pays (Australie, Chine) et qu'elle ne compromet pas la réduction de l'emploi des insecticides. Cependant, il semble trop tôt pour tirer des conclusions dans le cas de l'Inde, où cette confusion entretient des affirmations simplistes, quelques fois reprises par la presse, sur le thème d'un « *échec* » du coton Bt.

Les plantes Bt : impacts sur les insectes non-cibles

Nous abordons ici les éventuels effets non-intentionnels de ces variétés sur des insectes autres que les ravageurs visés. Et tout d'abord par une exposition *directe* de ces insectes à du matériel végétal contenant une toxine Bt. La démarche scientifique consiste à caractériser le danger et l'exposition au danger, afin d'évaluer le risque. Cette question peut s'étudier dans un premier temps au laboratoire, au cas par cas, par les méthodes habituelles de la toxicologie. Les insectes objets de l'étude ont été mis en présence soit de toxines de *B. thuringiensis*, soit de matériel végétal produisant ces toxines Bt. On détermine alors si l'insecte est sensible (c'est-à-dire le danger) et l'on se place dans un cas de figure qui semble refléter, en laboratoire, les doses atteintes dans le champ (c'est-à-dire l'exposition au danger).

L'étude la plus médiatisée, celle du papillon Monarque (*Danaus plexippus*), mérite qu'on s'y attarde. Un travail en laboratoire, publiée par John Losey et ses collaborateurs en 1999 dans la revue *Nature*, suggérait un effet toxique du pollen de maïs Bt sur ce papillon. Précisons que celui-ci ne se nourrit pas de maïs : dans l'expérience, le pollen fut répandu sur les feuilles de l'espèce dont il se nourrit habituellement, l'asclépiade de Syrie (*Asclepias syriaca*). Les insectes furent ainsi forcés d'ingérer le pollen et donc la toxine Bt qu'il contient : environ 40 % des papillons périrent dans cette expérience.

Cet article fournit un remarquable exemple d'une « alerte » scientifique, avec les imperfections propres à l'indispensable précipitation d'une telle démarche, mais en respectant la déontologie scientifique qui consiste notamment à publier les données dans un journal scientifique : ainsi les limites de l'étude peuvent être identifiées par les autres experts scientifiques et des actions rapidement mises en route. Dans le cas du Monarque, il s'agissait de déterminer ce qui se passe réellement au champ. Six études furent réalisées de manière coordonnée et publiées en 2001 dans les *Proceedings of the National Academy of Sciences* (États-Unis). Les plants d'asclépiade furent placés en bordure des champs de maïs; la quantité de pollen de maïs susceptible de se retrouver sur les asclépiades fut mesurée; la concordance entre production de pollen et présence effective du papillon fut estimée; l'effet sur les papillons en présence d'une quantité de pollen réaliste fut déterminé; etc. Finalement une synthèse fut proposée; elle indique un effet négligeable au champ, sauf pour une variété de plante Bt contenant des quantités plus importantes de la toxine dans le pollen. Cette variété 176 aurait pu entraîner un certain effet négatif sur le papillon, mais son utilisation commerciale, très limitée, est aujourd'hui abandonnée aux États-Unis. Les variétés les plus utilisées, Bt11 et Mon810, furent exonérées par ces études. Il faut souligner également que l'asclépiade pousse peu dans les champs de maïs – en raison du désherbage par les herbicides – et se retrouve plutôt aux abords, au bord des routes, etc., ce qui minimise la présence de pollen de maïs dans l'environnement réel de l'asclépiade et donc du Monarque.

Ces évaluations confirment l'importance des études au cas par cas et, de surcroît, révèlent les limites des études en laboratoire. En fait, les deux types d'étude (laboratoire et champ) permettent des recherches complémentaires: le laboratoire permet de séparer les différents paramètres (biologiques, physiques, etc.), de les faire varier un par un de manière aisée; le champ offre une palette plus complète des facteurs susceptibles de jouer un rôle.

Ces études au champ de 2001 avaient cependant une limitation expérimentale qui n'avait pas été relevée immédiatement: en effet, elles étaient basées sur un temps d'exposition au pollen Bt de 4 à 5 jours, tandis que les larves de monarques peuvent théoriquement être soumises au pollen plus longtemps. C'est le cas en période de production de pollen, bien sûr, et si celle-ci correspond précisément à la période de développement larvaire du papillon. D'autres études furent ainsi réalisées pendant toute la durée de vie larvaire (c'est-à-dire une vingtaine de jours), dans des champs expérimentaux en Ontario, Iowa et Maryland. Ces résultats, publiés en août 2004, indiquent une baisse de 20 % environ de la proportion de larves capables d'arriver au stade adulte après exposition longue au pollen Bt provenant des maïs Bt-11 et Mon810. Dans l'expérience, les larves étaient protégées des prédateurs et autres vicissitudes, alors que dans la nature 80 % d'entre elles ne survivent pas. Les chercheurs ont ainsi calculé que la proportion de mortalité des larves passait de 80 % (sans exposition au pollen Bt) à 85 % (en cas d'exposition au pollen Bt). Cela n'est cependant vrai que pour une faible proportion des populations de Monarques : celles qui sont dans les zones de maïsiculture, et lorsque production de pollen et développement larvaire se révèlent parfaitement synchrones. Les chercheurs ont calculé que seul 0,6 % des Monarques étaient susceptibles d'être tués par le maïs Bt (toutes régions de maïsiculture intensive confondues).

En considérant toutes les données, et notamment la forte mortalité qui touche de toute façon les populations de monarques, la conclusion de l'étude est la suivante : « il est probable que le maïs Bt n'affectera pas la pérennité des populations de papillons Monarque en Amérique du Nord ».

Depuis ces évaluations rassurantes, la question de la survie de ce papillon, qui n'est pas menacé aujourd'hui de disparition, suscite cependant des inquiétudes en raison de la destruction de certains de ses habitats, notamment des arbres où il niche en hiver au Mexique. Ironie de l'histoire, peu après la publication des études sur les maïs en automne 2001, c'est la nature qui s'en prit violemment aux Monarques sous la forme d'un accident climatique : en janvier 2002, un hiver particulièrement froid extermina 80 % de la population en hivernage au Mexique. Fort heureusement, ce fut sans conséquence notable sur leur nombre les années suivantes. Le Monarque semble doué d'une étonnante capacité à reconstituer ses populations décimées.

Qu'en est-il des autres papillons ? Aux États-Unis, J. Losey et ses collaborateurs ont établi une liste de 132 plantes pouvant être associées aux cultures de maïs ; ces plantes étant elles-mêmes les hôtes de 229 lépidoptères. Cependant, ceux-ci ne font pas partie des lépidoptères les plus menacés, si l'on examine l'ensemble des espèces dans leurs divers habitats. Ces chercheurs concluent ainsi que les espèces les plus rares ou les plus menacées ne sont pas mises en péril par le maïs Bt. L'une d'entre elles, le papillon *Karner blue (Lycaeides mellissa samuelis)*, a retenu l'attention de l'*Environmental Protection Agency* (EPA) du gouvernement fédéral des États-Unis : une étude rendue publique en 2000 montre ainsi que les maïs Bt ne menacent pas cette espèce, en raison du choix de ses plantes hôtes et de l'absence de coïncidence des périodes d'émergence de ses larves, d'une part, et de production de pollen par le maïs, d'autre part.

Comme il n'est manifestement pas possible d'examiner le cas individuel de tous les insectes, le cas des espèces de lépidoptères menacées de disparition dans les autres pays, et qui sont potentiellement sensibles aux toxines Bt (comme aux insecticides conventionnels d'ailleurs), représente sans doute celui qui mérite le plus un examen attentif. Comme le souligne Denis Couvet, du Muséum national d'Histoire naturelle : « Disposer d'observatoires de la biodiversité permettrait d'évaluer l'impact... des pratiques agricoles... [et] de dégager priorités et recommandations » (Rapport de l'Académie des Sciences sur les plantes génétiquement modifiées, 2002). Ces remarques soulignent l'utilité, peut-être plus grande, du « suivi » (aussi appelé « biovigilance ») après autorisation de mise sur le marché.

Dans les études prédictives ou d'accompagnement, des *indicateurs de biodiversité* peuvent être utilisés : il s'agit d'un nombre limité d'espèces, bien connues et considérées comme représentatives. Que nous apprennent les études au champ réalisées sur certains indicateurs ? À ce jour, dans le cas du maïs Bt, aucun effet négatif n'a été décrit sur les autres papillons examinés ou les coléoptères. Dans le cas de la pomme de terre Bt, il en va de même pour les coléoptères. Les arthropodes du sol (notamment des collemboles), également étudiés, ne subissent pas non plus d'effet majeur.

Parmi les insectes indicateurs, l'abeille suscite bien évidemment un intérêt de la société et donc des chercheurs. Il faut rappeler que cet hyménoptère n'est en principe pas sensible aux toxines Bt qui affectent les lépidoptères. Néanmoins, les abeilles sont sujettes à une exposition importante au pollen. Plus précisément, si l'on considère les deux espèces principales (maïs, cotonnier) qui ont fait l'objet d'une modification génétique de résistance aux insectes, le pollen de maïs n'est que peu collecté par les abeilles (sauf s'il représente la seule nourriture disponible) mais en revanche celui du cotonnier est plus attractif pour cet insecte. Des études furent menées par l'EPA, dans le cadre des autorisations de mise sur le marché, sans qu'aucun effet délétère n'ait été observé. D'autres études, réalisées par divers laboratoires, soit en utilisant les toxines Bt, soit le pollen des plantes, soit les plantes elles-mêmes, concluent de manière rassurante sur le sort des abeilles confrontées à ces toxines. Sans prétendre à l'exhaustivité, on peut ainsi mentionner des études menées en France, par l'Inra et le Centre technique interprofessionnel des oléagineux métropolitains (Cetiom), dans le cas des colzas génétiquement modifiés pour résister à des coléoptères ravageurs. En fait, ces résultats ne sont guère surprenants en raison de la sélectivité des toxines Bt.

En résumé, ces études apparaissent globalement rassurantes, mais il est difficile d'en tirer des conclusions définitives car la démarche scientifique impose de ne pas généraliser. Un examen cas par cas demeure nécessaire. De plus, toute approche expérimentale a des limites dans sa capacité d'investigation. Les protocoles des études sur les impacts potentiels des plantes Bt ont ainsi fait l'objet de critiques de certains chercheurs, mais d'autres louent l'existence de ces travaux et leur exemplarité (ils considèrent, sans doute à juste titre, que d'autres pratiques agricoles n'ont pas fait l'objet d'une telle précaution...).

Il est à noter que l'utilisation de *Bacillus thuringiensis* comme moyen de lutte biologique pourrait aussi avoir un effet sur des insectes non-cibles, car introduire une bactérie dans un milieu donné ne peut être considéré comme anodin. Plusieurs études montrent ainsi des effets transitoires sur les lépidoptères non-cibles, après l'épandage de *B. thuringiensis*. Ces travaux pourraient être résumés de la manière suivante : les toxines Bt utilisées en lutte biologique ont un impact mais n'éliminent pas les populations. Une étude publiée en 1990 constate ainsi une réduction de la richesse en larves de lépidoptères l'année du traitement et l'année suivante, mais pas deux ans plus tard. L'étude n'a pas examiné le cas où ce traitement est renouvelé chaque année par l'agriculteur...

*Les plantes Bt : effets en cascade
sur des insectes prédateurs ou parasites ?*

Les études des impacts potentiels des plantes Bt ne se sont pas limitées à des effets directs. La nature se révèle en effet plus complexe ! Il serait impropre de parler d'accumulation des toxines dans la chaîne alimentaire, car ces protéines ne s'accumulent pas. Néanmoins, des insectes ayant ingéré la toxine peuvent devenir des proies ou être parasités par d'autres insectes. Ces prédateurs ou parasites peuvent ainsi potentiellement être exposés à la toxine ingérée par la proie ou l'hôte parasité.

Aux États-Unis, les études de l'EPA, avant autorisation des maïs ou cotonniers Bt, ont vérifié l'innocuité des toxines cry1Ab ou cry1Ac sur certains prédateurs (la chrysope verte commune, *Chrysoperla carnea*, qui est un neuroptère, et d'autre part une coccinelle) et sur des parasites sélectionnés. D'autres travaux de laboratoire ont également cherché à établir si des prédateurs ou parasites pouvaient être affectés.

Dans le cas du coton Bt, une diminution de la survie de parasites ou de prédateurs, fut observée en laboratoire chez certaines espèces, mais pas chez toutes, et pas dans toutes les études. Citons par exemple un effet négatif sur la durée de survie à l'âge adulte de 2 prédateurs (sur les 4 testés) noté dans une étude de 2002, et qui semble dû à la présence de la toxine dans les proies. Une baisse de la fécondité et une limitation de la survie de deux guêpes parasites furent constatées dans une autre étude publiée en 2003. Mais ces études en laboratoire, l'affaire du Monarque nous l'a appris, ne représentent qu'une première approche. Dans les conditions du champ, trois études chinoises sur le cotonnier Bt sont à signaler : l'une indique un effet négatif sur des populations de parasites d'un insecte nuisible (sensible aux toxines Bt), mais une autre ne montre pas d'effet et une troisième des effets positifs ! Il semble donc que seules les études de « suivi » pourront clarifier les choses. Et il faudra bien sûr mettre ces éventuels effets en perspective avec ceux d'autres pratiques agricoles : les utilisations d'insecticides chimiques, extrêmement fréquentes pour le coton, ou les luttes que l'on appelle intégrées (qui combattent les ravageurs par une combinaison de méthodes qui englobent les pratiques de culture, les insectes prédateurs ou parasites, etc.). Les plantes Bt peuvent, notons le au passage, compléter ces luttes intégrées.

Dans le cas du maïs Bt, la chrysope verte a également été utilisée dans beaucoup d'études. Certaines publications, mais pas toutes, font état d'un effet négatif sur le développement ou la survie de ce prédateur « modèle », lorsqu'il est forcé de se nourrir en laboratoire de lépidoptères, tels que le ver du cotonnier (*Spodoptera littoralis*) ou la pyrale, eux-mêmes nourris avec du maïs Bt. Comme il est confirmé que la chrysope verte n'est pas sensible à la toxine cry1Ab, ces effets négatifs sont dus à la proie elle-même, c'est-à-dire à sa « mauvaise qualité » en raison de sa sensibilité à la toxine. Ainsi, dans le cas d'une mite non sensible à la toxine, aucun effet ne fut observé sur son prédateur, la chrysope. Les résultats obtenus sur ce dernier insecte ont été reproduits pour d'autres prédateurs ou parasites, sur lesquels la mauvaise qualité de la proie ou de l'hôte parasité (intoxiqué par les protéines Bt) semble jouer un rôle négatif. Ces études représentent des « exercices académiques » qui permettent d'alerter sur d'éventuels effets non-intentionnels, de discerner leurs causes potentielles mais, comme nous l'avons déjà vu, leurs résultats ne peuvent refléter qu'imparfaitement les conditions du champ, surtout lorsque les proies ne sont pas la nourriture favorite du prédateur ! Ainsi les études au champ réalisées à ce jour n'ont pas montré d'effet délétère des maïs (ou cotonniers) Bt sur la chrysope verte commune, ce qui semble en accord avec le fait que cet insecte se nourrit préférentiellement de pucerons qui, en ce qui les concernent, n'ingèrent pas de quantités importantes de toxine Bt.

Dans le cas des pommes de terre de type Bt (exprimant le gène cry3A), aucun effet négatif n'est relaté dans les études réalisées à ce jour. Mais, là aussi, la situation peut s'avérer complexe et variable d'un endroit à l'autre. Ainsi, selon une étude, la culture de ces pommes de terre permettrait d'héberger plus d'insectes prédateurs dans le champ, par rapport à des applications d'insecticides, mais pourrait aussi induire une augmentation du nombre d'insectes nuisibles *secondaires* (d'autres insectes, non touchés par la toxine, qui trouvent là une opportunité en l'absence de traitement chimique). Un traitement insecticide additionnel pourrait être nécessaire dans ce cas.

Aucun effet négatif n'est relaté pour le riz exprimant les gènes cry1Ab ou cry1Ac. Il faut cependant noter que les études restent peu nombreuses, ou du moins non consultables dans le cas de la Chine, alors que l'utilisation de riz Bt est envisageable dans ce pays.

Le colza mérite une mention particulière en raison d'une expérience de laboratoire étonnante, réalisée en utilisant cette plante. L'étude a tout d'abord montré qu'une guêpe parasite (*Cotesia plutellae*) meurt lorsqu'elle est forcée de se nourrir dans le lépidoptère *Plutella xylostella* (fausse-teigne des crucifères), du moins lorsque cet hôte appartient à une souche sensible à la toxine Bt cry1Ac et lorsqu'il a été nourri sur du colza Bt. Ceci s'explique, non par une sensibilité de la guêpe à la toxine, mais par la « mauvaise qualité » de l'hôte offert à la guêpe (due à la toxicité de cry1Ac pour la fausse-teigne). En revanche, la guêpe survit dans une souche résistante du même lépidoptère. Rien d'étonnant, semble-t-il : l'hôte est cette fois-ci de « bonne qualité ». Mais l'originalité de cette étude est d'avoir mis ensuite la guêpe en situation de choisir son hôte ! Dans ce cas, celle-ci est plus attirée par des hôtes résistants que par des hôtes sensibles à la toxine Bt. S'agit-il d'un don inconnu de la guêpe pour distinguer le danger caché ? En fait, ceci pourrait s'expliquer par l'émission par les plantes de substances volatiles attirant la guêpe. Ces substances sont émises lors de blessures subies par les plantes. Ces dernières, lorsqu'elles sont protégées par la toxine Bt, émettraient ainsi moins de substances attractives. En comparaison, les plantes endommagées par la fausse-teigne résistante à la toxine émettent des quantités plus fortes de telles substances. La guêpe détecte son hôte grâce aux dommages que ce dernier cause à la plante, et est ainsi plus attirée vers l'hôte résistant à la toxine. On peut considérer que la guêpe a beaucoup de chance dans cette affaire. La plus « douée » pourrait être la plante, qui appelle par ses signaux la guêpe à la rescousse !

À la faveur de la controverse sur les OGM, la possibilité d'effets indirects des plantes Bt sur les insectes utiles a ainsi stimulé des recherches nouvelles. Notons cependant que la question se pose également dans le cas de variétés conventionnelles. Ainsi, une variété de tomate à teneur élevée en tomatine, un alcaloïde stéroïde, ralentit la croissance des chenilles de diverses espèces herbivores et donc nuisibles. Dans ce cas, qu'en est-il des insectes prédateurs ou parasites ? En fait, ceux-ci sont dépendants de leurs proies ou hôtes pour leur approvisionnement en cholestérols ou autres stérols. La guêpe parasite *Hyposoter exiguae* subit divers effets, dont une phase larvaire prolongée, moins d'éclosion et une vie adulte réduite lorsqu'elle se nourrit dans la noctuelle de la tomate (*Helicoverpa zea*) ayant elle-même absorbé de la tomatine. Les teneurs en nicotine du tabac fournissent un exemple similaire d'un effet indirect induit par des plantes conventionnelles.

En résumé, des *théories* et *opinions* sont émises sur les effets indirects des plantes génétiquement modifiées pour résister aux insectes, mais aucune des données actuelles n'indique un effet négatif majeur de ces plantes sur les arthropodes prédateurs ou parasites. Un travail de compilation de 2005 paru dans la revue *Annual Review of Entomology* confirme cette vue. Cependant, un champ étant un agroécosystème complexe, il n'est pas possible de conclure de manière définitive pour tous les couples hôtes-parasites ou proies-prédateurs, pour toutes les variétés et en tout lieu. S'il se confirme dans la durée, la réduction du recours aux insecticides de synthèse (en particulier pour le coton) pourra bénéficier aux populations d'invertébrés utiles. L'utilisation des plantes Bt doit aussi être comparée aux pratiques alternatives qui peuvent montrer des impacts négatifs non-intentionnels. Signalons ainsi que l'utilisation de toxines Bt par épandage de formulation de *B. thuringiensis* conduit, en laboratoire, à des mortalités accrues de prédateurs ou de parasites d'insectes nuisibles et, en champ, à des réductions transitoires de populations. Cependant, là aussi, aucune donnée ne permet de conclure à des dommages durables.

Les plantes Bt et la biodiversité

La biodiversité englobe la variété des écosystèmes présents sur un territoire donné, le nombre d'espèces différentes vivant dans l'écosystème considéré et, pour une espèce, sa diversité génétique. Ce dernier aspect comprend l'ensemble des gènes qu'une espèce est susceptible de posséder (et qui peut fluctuer d'une population à l'autre) et, pour chaque gène, les différentes versions existantes (il s'agit du concept d'*allèles* expliqué page 10). De plus, le champ cultivé ne représente qu'un écosystème parmi d'autres, qui voisine généralement avec des zones plus ou moins influencées par les activités humaines. Ainsi, une étude qui vise à prédire l'impact d'une pratique agricole sur la biodiversité apparaît inévitablement limitée par ses possibilités expérimentales. La modélisation mathématique est souvent appelée à la rescousse. Or tout modèle doit être testé expérimentalement! Il convient donc de garder en mémoire que ces recherches fournissent des données, mais pas nécessairement une connaissance qui puisse prendre en compte toute la complexité de la diversité biologique. Il convient de clarifier un autre point: le terme de biodiversité ne sera pas utilisé ici pour désigner la diversité de variétés mises en culture pour une espèce de plante agricole. Une telle *agrodiversité*, ou son déclin, a d'autres causes (économiques, sociales, etc.). Nous résumerons ici, simplement et brièvement, les études conduites au champ dont l'objectif était le comptage d'un nombre important d'arthropodes (insectes, araignées, etc.).

Le cas des États-Unis mérite d'être mentionné en premier, du fait que les cultures de plantes Bt y concernent des superficies importantes. Dans une étude au Minnesota, publiée en 2001, incluant 9 insectes prédateurs, seul l'un d'entre eux (la coccinelle *Colemegilla maculata*) a vu sa population diminuer dans un champ de maïs doux Bt. Dans une autre étude, réalisée en Ohio et publiée en 2003, aucune des 12 espèces d'insectes ayant servi d'indicateurs (incluant la coccinelle mentionnée ci-dessus) ne s'est trouvée affectée dans les champs de maïs Bt étudiés. Signalons que les effets d'insecticides de la famille du pyrèthre se révèlent plus délétères que les maïs Bt selon une étude comparative datant de 2003. Dans l'état actuel des connaissances, les études *prédictives* de l'EPA (dans le cadre des autorisations de mise sur le marché) semblent donc confirmées au champ : les dommages des maïs Bt sur les insectes utiles apparaissent extrêmement minimes.

Prenons maintenant l'exemple d'un autre pays où les cultures transgéniques ne sont qu'expérimentales : la France. Les essais menés par D. Bourguet (Inra) et ses collaborateurs, pour le Comité de Biovigilance et publiés en 2002, n'ont pas montré d'effet significatif sur les pucerons et leurs prédateurs en champ expérimental de maïs Bt. La même étude a observé une abondance moindre de deux parasites de la pyrale du maïs pour une variété Bt, mais ne conclut pas à une menace sérieuse pour ces insectes non-cibles.

Une autre étude, réalisée en 1998 à Sassenay, en Bourgogne, par la société Syngenta et publiée en 2004, mérite mention. Le champ expérimental de 15 hectares consista en zones ensemencées en maïs Bt ou conventionnel, traité ou non par un insecticide synthétique ou par une formulation de spores de *B. thuringiensis*. Un total de plus de 300 000 arthropodes, appartenant à 76 types, furent décomptés pendant 90 jours. En ce qui concerne les arthropodes du sol, aucune différence statistiquement significative ne fut établie entre maïs Bt, maïs conventionnel traité par *B. thuringiensis* ou conventionnel non-traité ; alors que dans le cas du maïs conventionnel traité par l'insecticide chimique, une diminution fut constatée dans l'abondance de certaines espèces, mais seulement dans la période entre 14 et 43 jours après le traitement. En ce qui concerne les arthropodes vivant sur les plantes, une influence négative fut constatée pour certaines espèces, transitoirement (immédiatement après le traitement chimique ou biologique), mais pas dans le cas des maïs Bt. Ce qui retient l'attention dans ces résultats est l'absence d'effet attribuable aux maïs Bt, mais aussi le caractère minimal des effets négatifs constatés, dans ce cas, après traitement chimique, contrairement aux idées reçues.

D'autres études, sur le cotonnier Bt en Australie, en Chine ou aux États-Unis, n'ont pas montré, elles non plus, de différence significative entre les champs de plantes Bt et les champs conventionnels non-traités par des insecticides, si l'on excepte bien sûr l'espèce cible de la toxine Bt. Si la même comparaison est effectuée avec des champs conventionnels traités chimiquement, l'avantage revient aux variétés Bt dans nombre d'études. Cela n'apparaît pas en soit très surprenant puisque les plantes Bt apparaissent plus sélectives que les traitements insecticides. Un impact fort des plantes transgéniques sur la biodiversité n'est vraisemblablement pas à chercher du côté des plantes Bt. Nous examinerons plus loin le cas des plantes tolérant un herbicide.

Les plantes Bt et les résistances chez les insectes

À ce jour, aucune donnée scientifiquement confirmée ne montre l'apparition d'insectes résistants à la suite de l'utilisation des plantes Bt, mais il n'y a pas non plus de données qui montrent que cela ne sera pas le cas un jour. Des cas de résistance en champ ont bien été décrits, en divers sites d'Amérique du Nord et Centrale, en Asie Centrale et du Sud-Est, mais ils découlent de l'utilisation des toxines Bt en lutte biologique (c'est-à-dire de l'épandage des spores de *B. thuringiensis*) et de leur utilisation longue et non raisonnée. Ces cas de résistance sont apparus chez une connaissance, la fausse-teigne des crucifères *Plutella xylostella*, un insecte qui s'en prend à des plantes de la famille des choux, broccoli, colza, etc. Cette conséquence malheureuse de la lutte biologique a conduit, semble-t-il, les industriels à ne pas fonder beaucoup d'espoirs sur l'introduction du caractère Bt chez cette famille de plantes, même si des variétés de colza Bt ont été développées et testées au champ. De surcroît, d'autres cas de résistance, chez d'autres insectes, ont été observés en laboratoire. En fait, des mécanismes divers existent potentiellement dans la nature et permettent à une telle résistance d'apparaître chez certains insectes; ces derniers pouvant devenir dominants dans les populations sous l'effet de la pression sélective imposée par la présence de la toxine Bt. En d'autres termes, l'existence des toxines Bt, créées par la nature, a conduit les espèces sensibles à ces toxines à développer des parades par le processus habituel de sélection naturelle. Divers mécanismes de résistance sont envisageables, par exemple la mutation du récepteur de la toxine sur la paroi intestinale : la protéine insecticide ne pouvant plus s'y fixer, elle ne pourra plus induire la formation des pores dans les cellules des intestins et l'insecte survivra. Les plantes Bt peuvent donc théoriquement contribuer à sélectionner des mutants résistants que la nature a déjà créés, ou inciter celle-ci à les inventer! Ces risques s'accroissent par le fait que les plantes Bt ne contiennent généralement qu'un seul type de toxine, contrairement à *B. thuringiensis*.

Le problème est pris très au sérieux, d'autant plus que les insectes devenus résistants à une toxine peuvent, dans certains cas, s'avérer protégés contre d'autres toxines apparentées. Ainsi des souches de laboratoire de la noctuelle *Heliothis virescens*, sélectionnées sur la base de leur résistance à la protéine cry1Ac, se révèlent insensibles aux toxines cry1Aa, cry1Ab et cry1F. Diverses opinions, basées sur des modèles mathématiques, existent sur le temps que prendront les résistances pour devenir un problème effectif, si l'on ne fait rien et même si l'on agit pour retarder l'échéance. Cela reste des modèles, qui ne peuvent prendre en compte toute la complexité du vivant.

Il existe plusieurs stratégies de gestion des résistances. La méthode préconisée par l'agence gouvernementale EPA des

États-Unis, mais aussi en Australie (pour le coton), est celle des *refuges* combinés à l'utilisation de variétés qui présentent une *expression* forte des gènes Bt introduits. Ce dernier point vise à tuer « net » l'insecte ravageur. Mais la stratégie ne consiste pas à éradiquer les insectes cibles ; il s'agit d'influencer la reproduction des individus devenus résistants à une toxine Bt de manière à les empêcher de devenir majoritaires dans une population. Et cela repose sur la présence de zones dites refuges, ensemencées en variétés conventionnelles, dans lesquelles seront présents des individus sensibles à la toxine. L'apparition de la résistance étant un événement rare, permettre aux insectes sensibles de rester présents (et donc majoritaires dans la population) revient à « obliger » l'individu résistant à se croiser avec des insectes sensibles. La descendance de l'insecte résistant redeviendra ainsi sensible. Cette approche repose sur le caractère *récessif* des allèles des gènes d'insecte qui confèrent la résistance à Bt. Autrement dit, l'insecte ne sera résistant que s'il possède le gène de résistance en deux exemplaires (sur chaque chromosome). Ainsi, en recevant un chromosome portant un gène *sensible* de l'un des parents, le rejeton sera sensible, même si l'autre parent lui transmet un gène *résistant*. La survie d'insectes sensibles, prêts à frayer avec le premier individu résistant venu, est assurée par les zones dites refuges, c'est-à-dire emblavées en variété non-Bt. Aux États-Unis, de telles zones sont obligatoires et un suivi de biovigilance a été mis en place afin de mettre en évidence l'apparition de pyrales plus tolérantes aux toxines Bt dans des populations d'insectes prélevés dans les zones à risques. Il convient de mentionner que d'autres espèces de plantes, hôtes du même insecte, peuvent aussi servir de refuge. Revers de la médaille : une espèce de plante peut aider à propager une résistance de l'insecte dans l'autre espèce, si les deux sont équipées de gènes identiques ou proches. C'est le cas par exemple du cotonnier et du maïs face au ver américain de l'épi de maïs. Aux États-Unis, l'EPA s'efforce ainsi d'imposer des règles de gestion du risque en prenant en compte les deux espèces, là où elles cohabitent en culture.

Une autre approche possible, mais encore peu opérationnelle, serait le développement de variétés de plantes ayant incorporé plusieurs gènes de défense. À condition, bien sûr, qu'une résistance contre un gène ne se révèle pas efficace contre l'autre. On parle de *pyramidage de gènes* pour ces stratégies de gènes multiples. C'est le cas de la variété de cotonnier Bt, appelée *Bollgard II*, développée par Monsanto, qui possède un gène cry2Ab qui s'ajoute au gène original cry1Ac.

En fait, la situation la plus préoccupante semble être celle de pays comme l'Inde où, sur fond de monoculture de coton et d'absence de zones refuges, les multiples variétés de cotonnier résistant aux insectes ont tous, à l'heure actuelle, incorporé le même gène cry1Ac. Le recours à un seul gène de résistance pourrait ainsi aboutir très rapidement à la sélection d'insectes résistants. La dispersion de la production du coton en petites parcelles et la faible part de marché actuelle des cotonniers Bt peuvent offrir une situation de zones-refuges non-intentionnelles: les parcelles non-Bt. Mais en cas de dominance locale des cultures Bt, un modèle prévoit le développement de résistances en trois ou quatre ans si la part des cotonniers Bt atteint 70 à 80 % dans un rayon de 100 kilomètres. Une étude du *Central Institute for Cotton Research* indien suggère que l'apparition des résistances pourrait être repoussée de plus de 40 ans en cas de pratiques adéquates (traitement par bioinsecticides des ravageurs survivant sur les cotonniers Bt, zones-refuges fournies par des cultures d'autres espèces-hôtes des insectes). Le débat reste donc ouvert. D'autant plus que d'autres pensent que les zones-refuges ne sont pas la bonne approche pour le cas spécifique de l'Inde (dont les autorités semblent de toutes manières éprouver quelques difficultés à imposer le respect de règles…) car d'autres espèces de plantes incorporant le même gène cry1Ac pourraient faire leur apparition et contribuer à la sélection de résistances. Des variétés avec pyramidage de gènes de résistance pourraient s'avérer indispensables à la pérennité de la technologie. Il faut aussi rappeler, comme mentionné plus tôt, l'alternative que représente le gène Vip3A.

En résumé, les experts soulignent le caractère indispensable, à court terme, des méthodes de gestion du risque d'apparition de résistances chez les insectes cibles ; des stratégies alternatives aux variétés actuelles seront aussi nécessaires à une échéance qui reste difficile à prédire. L'apparition de résistances n'est pas en elle-même une atteinte à l'environnement, mais signifierait dans certains cas un retour en arrière dans l'usage d'insecticides non-spécifiques afin de maintenir les rendements.

Plantes Bt et écosystèmes des sols

Si l'on ne considère pas les racines, la biomasse des sols est formée à plus de 80 % par des micro-organismes. Bien que minoritaires, les invertébrés (vers de terre, arthropodes détritivores, etc.) apportent eux aussi une contribution essentielle aux réseaux complexes d'interactions des écosystèmes du sol. Les cycles biochimiques, c'est-à-dire l'assimilation d'éléments chimiques (comme l'azote), la synthèse de molécules organiques plus complexes et leur décomposition, jouent un rôle majeur d'un point de vue écologique mais aussi agricole. Les impacts potentiels des plantes Bt sur les équilibres des sols ne sont donc pas une question secondaire. Les étudier s'avère cependant une tâche ardue. Les raisons ne sont pas liées à la modification génétique (le problème est le même pour les autres pratiques agricoles). Mais l'hétérogénéité des environnements pédologiques est excessivement forte : à deux endroits différents, les sols peuvent-ils être identiques ? Les défenseurs des produits de terroir répondront non, sans hésiter ! Les communautés biologiques des sols apparaissent complexes. Il faut de plus souligner les difficultés à élaborer des méthodes pertinentes pour l'étude de cette faune.

Néanmoins, que sait-on dans le cas des plantes génétiquement modifiées ? Il est établi que la toxine Bt peut se retrouver dans le sol à la suite du pourrissement du matériel végétal ou par exsudation des racines. Mais sa durée de vie semble variable d'une étude à l'autre, vraisemblablement en raison de différences dans les propriétés physiques, chimiques ou biologiques des sols. Cela illustre les difficultés évoquées ci-dessus. Chaque étude, en un endroit donné, peut donner un résultat qui lui est propre. L'une des raisons est que la protéine Bt peut se lier à des particules argileuses ou à d'autres substances organiques présentes (ou non) dans le sol. Sous cette forme liée, la toxine demeure relativement protégée des digestions par les micro-organismes (eux-mêmes de nature variable d'un lieu à un autre). Dans une étude, la durée de présence de la protéine, en quantité détectable, était d'au moins un an. Dans une autre, la protéine avait disparu en 14 jours ! La protéine, comme toutes les protéines, finit bien sûr par disparaître : une étude indique que 0,3 %, seulement, de la quantité initiale de la toxine cry1Ab subsiste après 200 jours. Lorsque la protéine persiste, sa toxicité ne serait pas abolie par la fixation sur les particules du sol, du moins dans des tests de laboratoire où des larves d'insectes sensibles sont forcées d'ingérer la protéine. Ces propriétés semblent partagées par les protéines insecticides produites par différentes souches de *Bacillus thuringiensis*, toxiques pour les lépidoptères, les coléoptères ou encore les diptères.

L'exsudation des protéines insecticides à partir des racines a été observée chez le maïs, le riz et la pomme de terre, mais pas le colza, le coton ou le tabac. Les raisons de ces différences restent mystérieuses à l'heure actuelle, mais cela montre une fois de plus que rien ne peut être généralisé ! De toutes manières, il faut considérer que la culture des plantes Bt, quelle que soit l'espèce de plante, générera une certaine présence des toxines dans le sol (à partir de fragments de la plante, du pollen, etc.), comme d'ailleurs l'utilisation des spores de *B. thuringiensis* en lutte biologique. Dans ce dernier cas, les allégations de disparition rapide des protéines insecticides ne valent que pour les molécules exposées à la surface des plantes et non pour l'ensemble de l'environnement. Il est en outre difficile de prévoir le nombre de bactéries *B. thuringiensis* qui subsisteront dans le sol. Il apparaît donc important d'évaluer les conséquences de cette présence de protéines insecticides dans le sol. Dans ce but, des études ont été conduites par différents laboratoires.

Le ver de terre, rappelons-le, n'est en principe pas sensible à ces protéines. Une étude réalisée par des équipes suisses, en laboratoire et en champ, a examiné la survie et le poids des lombrics en présence de débris de maïs provenant de variétés Bt ou de variétés conventionnelles (non-transgéniques). Aucun effet létal ne fut observé. En ce qui concerne leur poids, ce qui pourrait indiquer des effets sub-létaux, l'expérience en champ ne montra aucune différence. Celle en laboratoire non plus pendant les premiers 160 jours, mais néanmoins, après 200 jours, les vers de terre qui avaient ingéré la litière dérivée des maïs Bt montrèrent une déperdition de 18 % de leur poids. Les auteurs des travaux ne conclurent pas pour autant à un effet des toxines Bt, car d'autres facteurs auraient pu jouer. Ce résultat reste difficile à interpréter. Certains auteurs pensent que la possibilité d'éventuels effets sub-létaux mériterait d'autres études. Notons cependant que les vers de terre sont, de toute façon, affectés par la qualité de la matière d'origine végétale et par les caractéristiques physico-chimiques du sol, c'est-à-dire par les pratiques agricoles ; et nombre d'entre elles ont vraisemblablement des effets que l'on pourrait qualifier de sub-létaux. L'ensemble des données semble confirmer l'absence de toxicité des protéines insecticides Bt pour les vers de terre. Le laboratoire de G. Stotzky (qui a rapporté les durées de survie dans le sol les plus longues pour des protéines Bt et qui a décrit leur exsudation à partir des racines) n'a observé aucune toxicité des résidus de protéine Bt pour les vers de terre, ni d'ailleurs pour les bactéries, champignons, protozoaires ou nématodes du sol.

Les cloportes n'ont pas été oubliés! Dans une étude en laboratoire, une nourriture faite de maïs Bt ne leur a pas causé d'effet délétère majeur, mais là aussi des changements de poids difficilement interprétables ont été obtenus, en défaveur des individus jeunes nourris de maïs Bt, mais en faveur des individus adultes pourtant nourris du même maïs Bt.

Le cas des micro-organismes du sol, et en particulier ceux de l'environnement immédiat des racines des plantes (la *rhizosphère*), semblent mériter une attention plus directe. Les interactions entre les racines et certains micro-organismes du sol affectent en effet la croissance ou d'autres propriétés des plantes. Les études des communautés microbiennes du sol, en général, et de l'influence que peuvent exercer sur elles les plantes transgéniques sont cependant particulièrement difficiles à mener, elles aussi. Néanmoins la mission n'est pas impossible: il faut en effet noter que des avancées techniques récentes (nous en verrons un exemple ci-dessous) permettent d'envisager de lever ces limitations.

Qu'a-t-on observé dans le cas des plantes Bt? Citons tout d'abord une étude américaine publiée en 1995 qui a incorporé des débris végétaux de diverses variétés de coton Bt dans le sol. Deux variétés, sur les trois testées, ont induit une augmentation transitoire des quantités de bactéries et de champignons microscopiques du sol. Les auteurs ont privilégié l'hypothèse selon laquelle des modifications dans la composition de ces plantes, plutôt que la toxine Bt elle-même, serait à l'origine de ce phénomène. Il semble cependant difficile de conclure à la lumière de ces observations.

La décomposition dans les sols de la matière organique végétale fournit un indicateur d'importance pour le fonctionnement des écosystèmes pédologiques. Une étude de 2003 n'a pas observé de différence entre la décomposition d'un maïs Bt et celle d'un maïs non-Bt. En revanche, une publication datée de 2004, de G. Stotzky, a conclu que diverses plantes Bt se décomposent moins vite dans le sol que leur équivalent non-Bt. Les résultats restent donc contradictoires.

Une étude, publiée en 2004 par des chercheurs italiens, a tenté de caractériser par différentes techniques les communautés bactériennes de la rhizosphère d'un maïs cultivé, Bt-176, en comparaison avec le maïs non-Bt correspondant. La plupart des techniques utilisées n'ont révélé aucune différence. Cependant, en utilisant une technique d'empreinte génétique, quelques différences dans les communautés microbiennes sont détectables entre la rhizosphère du maïs Bt et celle du maïs non-Bt. Toutefois c'est le cas également lorsque l'on compare un même maïs âgé de 30 jours ou de 100 jours ! Selon les auteurs, cet effet proviendrait des substances exsudées des racines, mais celles-ci n'ont pas été étudiées en détail. Des hétérogénéités dans l'exsudation de substances non-identifiées ou de protéines (dont la protéine Bt) sont-elles responsables des variations observées ? La toxine insecticide n'a pas d'activité anti-bactérienne mais représente une source potentielle d'acides aminés pour les micro-organismes du sol. Cela favorise-t-il certains micro-organismes ? La réponse à ces questions n'est pas connue.

Examinons d'autres études, notamment une série publiée en mai-juin 2004 dans la revue *Journal of Environmental Quality*. L'une d'elles conclut, dans le cas de deux variétés de maïs Bt, que le profil des populations microbiennes est fortement affecté par le type de sol mais peu par ces maïs. Une autre conclut que ni une variété de maïs Bt (résistant à la chrysomèle), ni l'application de l'insecticide téfluthrine n'ont d'effets délétères sur la biomasse microbienne ou son activité biologique. D'autres articles de la même série tentent de synthétiser les données de la littérature : les effets observés sur les communautés microbiennes du sol dépendent du lieu, de la saison et de la méthode d'analyse ; ils sont variables, transitoires et minimes par rapport à d'autres pratiques agricoles très répandues. Une étude allemande de 2005 sur le maïs Mon810 conclut, elle aussi, que l'âge de la plante et les hétérogénéités des champs influent davantage sur les communautés microbiennes du sol que la protéine cryAb relâchée par ce maïs.

Que peut-on conclure de ces études ? Que nous savons peu de choses sur les interactions entre les plantes et les microorganismes du sol ! Il semble y avoir consensus parmi les chercheurs de la spécialité pour considérer que des changements extrêmement minimes de l'environnement, ou dans les propriétés de la plante, peuvent résulter en des modifications importantes dans les populations microbiennes du sol. De plus, interpréter les résultats en termes d'effets délétères ou favorables d'une culture n'est pas aisé.

Regardons de plus près une espèce donnée. L'impact des plantes Bt sur un groupe de champignons mycorhyziens (*Glomus mosseae*), importants pour la fertilité des sols et la nutrition des plantes, a été étudié. Ces champignons établissent avec les racines de nombreuses plantes des symbioses qui peuvent être perturbées par les pratiques agricoles, telles que les traitements par des fongicides et même par les engrais. Aucun effet sur l'établissement de ces symbioses n'a été observé en laboratoire pour le maïs Bt-11. En revanche, un tiers des spores de ce champignon n'a pas pu coloniser les racines dans le cas du maïs Bt-176. Les auteurs n'en tirent pas de conclusions claires, mais présentent leur système expérimental comme devant permettre d'étudier, au cas par cas, les risques environnementaux des plantes *transgéniques*. Il est permis de penser que les autres pratiques agricoles mériteraient également d'être ainsi évaluées !

Notons qu'une variété de plante ou un traitement agricole qui conduirait à de mauvaises relations symbiotiques mycorhyziennes n'est pas à proprement parler un dommage « environnemental ». Aucun danger direct pour l'environnement n'en découle. Il s'agirait en revanche, en termes agronomiques, d'une pratique déraisonnable !

Il semble envisageable que soient un jour commercialisées des plantes génétiquement modifiées pour résister à des micro-organismes, ou qui assimileront mieux l'azote, ou qui produiront des substances diverses (comme des médicaments). Leurs effets sur les micro-organismes du sol s'avèreront peut-être plus importants. En fait, le fonctionnement des écosystèmes du sol intéresse toutes les pratiques agricoles, tous les types d'intrants agricoles et tous les types de plantes. Le défi posé ici aux chercheurs est d'évaluer les contributions favorables à une agriculture qui intègre le concept de développement durable.

Les plantes tolérant un herbicide

Quelques généralités

Il est d'usage de distinguer les herbicides sélectifs (qui n'éliminent que certaines catégories de plantes) et les herbicides totaux (qui, en principe, les tuent toutes). Les deux servent à limiter la prolifération des mauvaises herbes qui concurrencent les cultures et nuisent aux rendements. Les herbicides sont aussi utilisés dans les pratiques culturales sans labour qui visent à perturber le moins possible les sols (afin de minimiser leur érosion par exemple). Obtenir des variétés de plantes cultivées tolérant un herbicide efficace contre une large gamme de mauvaises herbes a donc potentiellement un intérêt économique considérable. Cependant, l'intérêt des agriculteurs pour l'utilisation des plantes génétiquement modifiées ne s'expliquerait pas exclusivement par un bilan économique positif : la simplification du travail, la souplesse d'utilisation de l'herbicide associé à l'OGM interviendraient aussi dans l'adoption de ces plantes, et en particulier de celles tolérant le glyphosate (principe actif du *Roundup*). Sur le marché des herbicides (plus de 15 milliards de dollars), le glyphosate représente à lui seul le tiers.

Le glyphosate, c'est-à-dire le N- (phosphonométhyle) glycine, est un herbicide *systémique* (se déplaçant dans les différents tissus végétaux) qui inhibe l'activité d'une enzyme appelée EPSPS (5-enolpyruvylshikimate-3-phosphate synthase). Chez les plantes et les micro-organismes, l'EPSPS permet une étape essentielle dans la synthèse d'une catégorie d'acides aminés, dits aromatiques, présents dans les protéines. Les animaux et l'Homme sont dépourvus de cette enzyme. La tolérance des plantes transgéniques résulte, chez la plupart des variétés, de l'incorporation d'un gène qui code une EPSPS provenant d'un micro-organisme naturellement résistant à cet herbicide. Une autre technique utilise un gène d'un micro-organisme différent, qui code une enzyme métabolisant le glyphosate en acide amino-méthyle-phosphonique (AMPA). Les deux gènes sont combinés dans certaines variétés : c'est le cas du colza GT73, par exemple. Les plantes non-transgéniques peuvent également métaboliser progressivement le glyphosate en AMPA, mais cela ne fournit pas une tolérance suffisante. Une troisième méthode est utilisée : le maïs GA21 contient une EPSPS originaire de cette espèce, mais résistante grâce à 2 mutations.

Les propriétés du glyphosate dans l'environnement peuvent se résumer comme suit. Il est très soluble dans l'eau, mais son lessivage se trouve limité par une éventuelle rétention sur certaines particules du sol et sa digestion par des micro-organismes. Ces dernières propriétés sont variables suivant les lieux. Il s'agit ainsi d'un herbicide non-persistant, mais qui ne peut légalement s'appeler « biodégradable » car sa vitesse de dégradation n'est pas jugée suffisamment rapide, selon les sévères normes en vigueur. Le glyphosate se trouve dans diverses formulations avec d'autres composés (sels, agents surfactants aidant à sa pénétration dans les plantes) qui, suivant leur nature, peuvent avoir sur l'environnement un impact supérieur au glyphosate lui-même. Cet herbicide apparaît peu volatil et donc peu dispersé dans l'air.

Dans le sol, alors que certains micro-organismes digèrent le glyphosate, d'autres y sont sensibles (ou à ses formulations): c'est le cas de certaines souches de bactéries symbiotiques du soja par exemple, ce qui pourrait ralentir, dans une certaine mesure, leur capacité à fixer l'azote.

Plantes transgéniques et emploi des herbicides

Les plantes tolérant un herbicide, contrairement aux variétés Bt, ne sont pas destinées à éviter l'épandage d'un pesticide: pour les utilisateurs, elles impliquent généralement le remplacement d'un cocktail d'herbicides par le produit associé à la variété. Des études ont cherché à établir si cela se traduisait par une utilisation moindre de ces intrants. Les rapports de Ch. Benbrook (de 2003 et 2004, déjà évoqués page 29), dans leur volet consacré aux herbicides, affirment que le recours aux OGM tolérant un herbicide aurait conduit, après une diminution lors des trois premières années, à une augmentation des quantités d'herbicide utilisées au fil des années suivantes, en comparaison avec les plantes conventionnelles. Ces rapports sont souvent cités par les détracteurs des OGM comme la preuve de leur nuisance pour l'environnement. Il ne semble pas inconcevable, dans un contexte d'utilisation répétée du même herbicide, que la consommation de celui-ci (et d'autres) augmente, pour éliminer des populations de mauvaises herbes plus tolérantes (nous en reparlerons). Cependant, la validité de ces chiffres et surtout des méthodologies utilisées est contestée dans les milieux proches des industriels. Il ne semble pas possible, aujourd'hui, de trancher de manière définitive en faveur des uns ou des autres.

La question semble de toute façon plus complexe que la vision simpliste d'une relation bijective entre un type de plante (OGM ou non-OGM) et une consommation d'herbicide. Cette dernière se trouve grandement influencée par d'autres facteurs, notamment leur prix de vente (qui a baissé pour le glyphosate depuis l'expiration de son brevet).

D'autre part, lorsque l'on compare des herbicides différents, il n'y a pas de proportionnalité entre réduction des quantités utilisées et bénéfices pour l'environnement: l'ensemble de l'impact environnemental doit être pris en compte, pour chaque produit, et non pas simplement les quantités de matières actives utilisées. Mais seules quelques rares études ont entrepris d'évaluer l'impact global du « cycle de vie » du produit, de sa fabrication à sa disparition en passant par son épandage. La détermination, de manière fiable, molécule par molécule, de ce que l'on peut appeler des *quotients d'impact environnemental*, sera l'un des défis du XXIe siècle.

Les herbicides et la contamination des eaux

La mise en culture de plantes tolérant un herbicide conduit – par définition – à un épandage accru du produit correspondant. Ceci peut-il reproduire les événements fâcheux, comme la contamination des eaux (rivières, nappes phréatiques, etc.), qui ont découlé de l'utilisation de l'atrazine, par exemple, pour désherber les champs de maïs ? L'existence de pollutions induites par l'agriculture ne peut être niée, mais les responsabilités sont partagées et il serait injuste d'en accuser exclusivement le monde agricole.

Reprenons l'exemple du glyphosate (disponible sous diverses formulations *Roundup* ou autres) et, pour examiner la question de manière concrète, choisissons la Bretagne, une région non-utilisatrice d'OGM mais fortement agricole. Des analyses dans le cadre du programme *Bretagne Eau Pure* ont fait état de concentrations dépassant la norme en glyphosate ou AMPA dans les eaux superficielles, mais cela semble souvent correspondre aux périodes d'utilisation maximale de l'herbicide et à la suite d'épisodes pluvieux (le glyphosate et l'AMPA sont solubles dans l'eau). Ces dépassements posent une question d'ordre réglementaire (non-respect des normes sévères fixées par l'Union européenne), mais aucune menace avérée n'en est déduite pour l'environnement ou la santé (voir chapitre 3). Le classement toxicologique des formulations *Roundup* mentionne une certaine toxicité pour les organismes aquatiques (peut-être davantage due au surfactant qu'au glyphosate lui-même) confirmée par diverses études, mais les niveaux requis pour la toxicité ne devraient pas être atteints en conditions normales d'utilisation. Un document, publié par la Commission européenne lors de la réévaluation du glyphosate en 2001, rappelle l'attention à porter à la protection des eaux, notamment dans les usages non-agricoles de cet herbicide.

Sans recours aux plantes tolérantes, les agriculteurs utilisent le glyphosate pour différentes raisons : l'élimination d'une végétation avant d'implanter une culture (sans labour par exemple) ; le désherbage entre les rangs d'une culture pérenne (vigne, arboriculture) ; la destruction spécifique de certaines vivaces entre deux cultures ; le contrôle d'une végétation en des sites très localisés (sous les clôtures électriques, par exemple). En champ, les propriétés du glyphosate (absorption au contact du tapis végétal, destruction par les micro-organismes) réduisent le risque de transfert dans les eaux. Dans les autres cas de figure, les risques de lessivage sont plus importants, notamment si les sites jouxtent des cours d'eau (notons qu'un traitement près d'un cours d'eau est illégal... sauf autorisation spécifique pour la destruction de plantes semi-aquatiques par des professionnels). Ce sont donc souvent des utilisations inappropriées (y compris par des particuliers) qui expliquent les dépassements de norme.

Les plantes tolérantes étant cultivées en champ (avec une possibilité de traitement après l'implantation de la culture), le risque théorique de lessivage est donc faible mais, en toute logique, proportionnel aux superficies concernées.

Plantes tolérant un herbicide : la question de la biodiversité

Comme nous l'avons vu précédemment, le terme biodiversité désigne la somme de toutes les variations biotiques du gène à l'écosystème. La diversité d'un groupe d'espèces peut promouvoir la diversité de groupes associés. À l'inverse, la perte d'une seule espèce dans un écosystème donné peut influer sur le fonctionnement de cet écosystème, mais cela n'est pas nécessairement le cas.

La question posée ici est celle de l'importance des mauvaises herbes éliminées par l'herbicide. Aux États-Unis, une étude a montré que le soja tolérant un herbicide affecte peu, par lui-même, les populations d'insectes ; en revanche, un tel effet peut être induit par la méthode de contrôle des mauvaises herbes utilisée. Une étude danoise sur la betterave fourragère *Roundup-Ready* a indiqué que l'application tardive de l'herbicide (ce qui est permis par la tolérance à l'herbicide de cette variété transgénique), par rapport aux traitements sur plantes conventionnelles, accroît les populations de la flore associée en début de culture et, ce faisant, des insectes (non-nuisibles) attirés par cette flore. Cependant, ces mauvaises herbes sont finalement éliminées après application de l'herbicide, ce qui implique une moindre production de graines et réduit en théorie la disponibilité en nourriture pour les animaux granivores, et plus particulièrement pour les oiseaux.

Pour examiner plus en détail cette question, il semble judicieux de s'intéresser au contexte britannique, où la densité relative des zones agricoles est importante. Ce pays représente donc un modèle d'étude d'un impact potentiel fort sur la biodiversité, au contraire des États-Unis ou du Canada où les réserves de biodiversité apparaissent plus largement distinctes des zones agricoles. Les OGM ne sont pas cultivés à grande échelle au Royaume-Uni, mais des essais ont été mis en pratique à l'échelle d'exploitations agricoles et sur plusieurs années (*Farm-Scale Evaluations* ou FSE). Dans ces études, des indicateurs de la biodiversité sont utilisés car il n'est pas réaliste d'espérer mesurer des changements chez toutes les espèces. Les mauvaises herbes en font partie. Les invertébrés représentent eux aussi de bons indicateurs de changements environnementaux en raison de leur mode de nutrition et leur cycle de vie court.

Les résultats de ces FSE furent publiés en 2003 et 2005. Dans le cas du colza oléagineux de printemps, les changements dans le nombre d'invertébrés sont faibles, mais avec une tendance à la baisse dans les champs de variétés tolérant un herbicide – principalement pour les papillons – et à la hausse pour les espèces détritivores. Ceci s'explique car le désherbage s'avère plus efficace dans la pratique associée à ces OGM : les espèces attirées par les mauvaises herbes (leur pollen ou nectar, notamment) seront logiquement moins présentes ; les espèces se nourrissant des restes des plantes lésées par l'herbicide présenteront, elles, des effectifs plus nombreux. Mais le point le plus important, selon les auteurs de ces travaux, concerne « les changements subis en termes de quantités de mauvaises herbes [qui] pourraient mener à des déclins à long terme... d'une importante ressource alimentaire pour les oiseaux granivores ». Dans le cas du colza d'hiver et de la betterave, les résultats apparaissent sensiblement les mêmes. Pour le maïs, les cultures d'OGM ont démarré avec plus de mauvaises herbes (en raison de la possibilité d'application tardive de l'herbicide) et en ont conservé plus : l'effet sur la biodiversité est ici jugé positif. Certains considèrent que les avantages du maïs tolérant un herbicide dérivent en fait de l'impact négatif sur les mauvaises herbes de l'atrazine utilisée dans ces études sur les cultures conventionnelles ; or cet herbicide est aujourd'hui banni. Ces affirmations ont été contredites par une publication dans la revue *Nature* (2004) : même en remplaçant l'atrazine par d'autres herbicides, l'avantage resterait au maïs génétiquement modifié.

Il faut relativiser l'ensemble de ces résultats car l'impact apparaît bien plus fort d'une espèce à l'autre qu'entre variétés transgéniques ou non d'une espèce donnée. Ainsi, la biodiversité est faible dans les champs de maïs et betterave, bien plus forte pour le colza ; le colza tolérant un herbicide affiche un bilan plus positif que les maïs ou betteraves (transgéniques ou non). Ceci montre que l'impact des cultures, de manière plus générale, diffère fortement selon les espèces. D'autre part, il est à noter que, dans ces études, la liberté était laissée aux agriculteurs de choisir leur variété témoin non-modifiée génétiquement (il ne s'agissait pas nécessairement du parent direct de la plante transgénique étudiée) et le mode de désherbage associé. Ce qui signifie que ces études reflètent l'impact des changements de pratiques de désherbage et non l'effet de la seule modification génétique. Leurs auteurs ont fortement souligné ce point, en rappelant que leurs résultats ne concernent que le type de plantes transgéniques étudié, à l'endroit où il a été étudié et avec le protocole de désherbage utilisé.

Si la pratique agricole change, les résultats peuvent-ils changer ? Oui, très certainement, dans un sens comme dans l'autre ! Une autre étude britannique publiée en 2003, sur la betterave sucrière résistante au même herbicide indique que l'application de celui-ci sur les betteraves, mais pas entre les rangées de plantes, peut avoir un effet bénéfique sur la flore associée et sur la faune qui s'en nourrit. Autrement dit, cette étude propose de laisser survivre des mauvaises herbes entre les rangées. Serait-ce une façon de concilier culture productive (elle nécessite un désherbage efficace des mauvaises herbes concurrençant les plantes de culture) et préservation de la vie sauvage associée aux cultures (en ménageant une zone enherbée là où elle est la plus éloignée des plantes de cultures) ? Il n'est pas certain que cette pratique culturale, intéressante *a priori*, soit adoptée par les agriculteurs ; ni d'ailleurs que la préservation relative des mauvaises herbes dans le cas du maïs tolérant un herbicide ne soit annihilée par le choix des agriculteurs de recourir à une pratique de désherbage plus prononcée afin de s'en débarrasser. Une autre étude britannique (de 2004, nommée *BRIGHT*), sur 4 ans, impliquait des colzas et des betteraves tolérant un herbicide, en rotations annuelles avec des céréales. Dans ce cas, les stocks de graines du sol ont augmenté en 4 ans dans le cas des variétés génétiquement modifiées.

En résumé, ces expérimentations en champ ont apporté des données contradictoires (suivant les protocoles utilisés) en ce qui concerne l'impact sur la biodiversité des plantes génétiquement modifiées pour tolérer un herbicide. Cela relativise l'apport de telles expérimentations, mais on ne peut toutefois exclure, à ce stade encore expérimental, leur utilité pour l'évaluation anticipative des pratiques agricoles (y compris non-OGM) et pour assister les choix de politiques agricoles. Ceux-ci se dirigent en Europe vers une vision où le champ représente, en quelque sorte, une réserve écologique (avec potentiellement un impact économique difficile à prévoir sur le long terme).

Le colza au Canada, par exemple, procède d'un choix différent : les champs, zones d'activité économique, ne sont pas assimilés à des zones naturelles (ces dernières demeurent bien protégées par ailleurs). L'importance de la nourriture pour oiseaux dans les champs semble donc moindre. Une étude de l'Université d'Alberta, publiée en 2003, indique que les colzas tolérant un herbicide conduisent à une densité réduite de mauvaises herbes, mais pas de leur diversité. Cette réduction n'a pas été jugée alarmante au Canada.

Le soja herbicide-tolérant en Amérique du Sud

Le consultant privé Ch. Benbrook, pourtant peu suspect de complaisance à l'égard des OGM… (comme nous l'avons vu plus tôt), compare l'adoption du soja tolérant un herbicide par les agriculteurs argentins à une « ruée vers l'or » (Rapport de janvier 2005). En Argentine, 99 % du soja serait transgénique, produit à l'origine par Monsanto, mais sans que cette société ne touche les *royalties* escomptés (*de facto*, ce soja *Roundup-Ready* est multiplié sur place : cela ne pose aucun problème technique et, dans ce pays, nul ne peut juridiquement s'y opposer). Ce rapport mentionne l'apparition de mauvaises herbes résistant au glyphosate (voir ci-dessous), des changements dans les communautés microbiennes du sol (en raison de l'utilisation accrue du *Roundup*), des problèmes de compaction des sols dus aux techniques de culture sans labour ou à labour réduit (qui se développent grâce à la possibilité de contrôler les mauvaises herbes par l'application de l'herbicide). Ce rapport, financé par une organisation anti-OGM, est souvent cité comme une « preuve » d'un impact négatif sur l'environnement du colza tolérant le glyphosate. Une vision plus neutre amène, cependant, à souligner qu'aucune preuve scientifiquement établie n'y est apportée pour étayer ces affirmations, même si ces inquiétudes s'appuient sur des événements théoriquement possibles en cas de mauvaises pratiques agricoles (telles que l'absence de rotation des cultures par exemple).

Ces cultures contribuent-elles à la déforestation en Amérique du Sud ? Il est bien évident que l'incitation à la mise en culture d'espaces non-agricoles n'a pas attendu les OGM. Le succès commercial d'une variété OGM, comme le soja, en Argentine et au Brésil, peut certes inciter à l'expansion des terres agricoles. Évitons, cependant, les accusations trop sommaires. Les fortes demandes de soja, à la suite de l'abandon des farines animales, induisent également une offre nouvelle ; et remarquons qu'elle n'est pas exclusivement de soja *transgénique* : les campagnes anti-OGM ont contribué au développement des cultures de soja *non-transgénique* (au Brésil par exemple), notamment pour l'exportation vers l'Europe.

Citons ainsi le cas des savanes brésiliennes (les *cerrados*) qui couvrent 23 % de la superficie du pays sur lesquelles planent de multiples menaces, dont leur conversion en terres d'élevage ou de culture grâce notamment à des avancées techniques (sans transgenèse) permettant la culture de soja. Cette étape de plus sur le chemin de la légitime ambition nationale brésilienne de devenir l'un des plus grands producteurs agricoles mondiaux implique cependant la disparition de zones riches d'un point de vue écologique. Ces savanes abritent en effet 160 000 espèces de plantes, de champignons et d'animaux. Les alternatives aux OGM ne sont donc pas exemptes d'impacts négatifs sur la biodiversité. Le problème apparaît plus vaste et il comporte des dimensions socio-économiques et politiques.

Herbicides et apparitions de mauvaises herbes résistantes

Les mauvaises herbes peuvent acquérir par mutation une résistance indésirable à un herbicide. La fréquence d'apparition de tels mutants est variable suivant le type d'herbicide. Mais dans tous les cas, l'emploi de l'herbicide favorise l'apparition et la propagation de tels mutants. En 2005, le nombre d'espèces de plantes qui possèdent une population résistant à un herbicide, quelque part dans le monde, atteint 182. En ce qui concerne le glyphosate, les données disponibles indiquent l'apparition de cas de résistance chez 8 espèces[1]. La plupart dérivent de l'utilisation « conventionnelle » du glyphosate, en 25 ans d'utilisation. Il faut leur ajouter un certain nombre d'espèces naturellement peu sensibles à cet herbicide. Ainsi, le nombre d'espèces chez lesquelles l'apparition d'individus résistants est confirmée reste faible pour le glyphosate, mais augmente chaque année, en moyenne d'une unité par an depuis 1996. À la faveur de l'utilisation accrue de l'herbicide associée à certaines cultures transgéniques, de

---

[1]. Voir la réactualisation de ces chiffres sur www.weedscience.com.

nouvelles résistances fortuites vont certainement émerger. Au moins l'une des résistances apparues (en 2000), chez la Vergerette du Canada (*Conyza canadensis*), pose un problème agronomique croissant dans divers états des États-Unis. Une difficulté aggravée par le fort pouvoir colonisateur de cette plante. La résistance notée chez l'ambroisie (*Ambrosia artemisiifolia*) est particulièrement regrettable car cette plante est indésirable en raison du fort pouvoir allergénique de son pollen.

La perspective de voir émerger des résistances chez des mauvaises herbes est très fortement redoutée par certains agriculteurs qui considèrent le glyphosate comme un produit extrêmement utile et à utiliser avec discernement. Les conséquences directes en seront avant tout économiques pour le cultivateur (recours éventuel à un second herbicide ; difficulté à éliminer l'herbe indésirable), pour le semencier (moindre intérêt de la plante de culture tolérant cet herbicide), pour le vendeur de l'herbicide (perte d'efficacité du composé). Ces considérations montrent la nécessité impérative de la gestion des résistances fortuites à cet herbicide. La question se pose dans les mêmes termes si la résistance a été acquise par transfert de gène par pollinisation d'une mauvaise herbe apparentée (nous discuterons ci-dessous des cas potentiels) et pour les herbicides autres que le glyphosate. Ces gestions peuvent impliquer une utilisation plus raisonnée de l'herbicide (dans le cadre de pratiques intégrées par exemple) ou le recours à des traitements complémentaires par un autre herbicide.

Il faut préciser ici ce que l'on entend par *résistance*. Elle se définit comme une capacité de survie à des traitements par un herbicide, que ne posséderaient pas les individus habituellement rencontrés. Cette capacité se vérifie scientifiquement en laboratoire et doit aussi faire l'objet d'un constat en champ dans les conditions recommandées d'utilisation de l'herbicide. Les agriculteurs peuvent constater, d'autre part, des difficultés à maîtriser telle ou telle mauvaise herbe.

Abusivement appelés « résistance », ces cas peuvent résulter d'une pratique inadaptée ou d'un certain niveau de tolérance aux doses utilisées ou dans une situation donnée.

L'apparition de résistances vraies n'est pas le seul cas à considérer : des changements dans les communautés de mauvaises herbes apparaissent fréquemment, sous l'effet de facteurs divers et notamment les 2 principaux : le labour et la nature du traitement herbicide. Une modification des communautés de mauvaises herbes s'observera lors du passage à la culture sans labour, ou au labour réduit, lors de l'usage d'un herbicide unique (associé aux plantes transgéniques) en remplacement de multiples herbicides, etc. Le nombre de traitements par un produit donné aura aussi une importance. Ces changements poseront ou ne poseront pas un problème pour l'agriculteur, auront des conséquences ou n'en auront pas sur l'agroécosystème.

Lorsque la plante cultivée devient une mauvaise herbe

Nous prendrons ici l'exemple du colza car il libère au sol un nombre important de graines qui produisent, la saison suivante, des repousses que le cultivateur doit pouvoir éliminer, par exemple dans le cadre d'une rotation de culture avec des céréales. De manière générale, pour se débarrasser des repousses, les solutions sont le déchaumage, le labour, ou le traitement herbicide. Dans ce dernier cas, il faut disposer d'un herbicide efficace : dans le cas des plantes transgéniques tolérant un herbicide, cela ne pourra donc pas être cet herbicide-là.

Examinons cette question au Canada, où quatre variétés de tels colzas (de type *canola*) ont été autorisées : trois sont issues de la transgenèse, la quatrième a été obtenue par une sélection de mutant tolérant (tableau 3).

Tableau 3. **Tolérance aux herbicides des colzas canadiens.**

Colza tolérant aux herbicides	Mode d'obtention	Part de marché (États de l'ouest du Canada) %
imidazolinone	mutagenèse	20
glufosinate	transgenèse	15
glyphosate	transgenèse	40
oxynil	transgenèse	1 (récemment retiré de la vente)

Même s'ils ne sont pas sur le marché actuellement, il faut aussi noter l'existence d'autres variétés tolérantes (par exemple aux herbicides de type triazine ou sulfonylurée) transgéniques ou non. Le problème des repousses ne paraît donc pas spécifique des plantes transgéniques (mais ces dernières sont sous le feu des projecteurs!); cependant, il a pris plus d'acuité au fur et à mesure que se popularisaient les colzas tolérant un herbicide. En effet, l'utilisation simultanée sur un territoire donné de plusieurs variétés de colza tolérant chacune un herbicide différent peut donner lieu, par croisement, à des descendants portants plusieurs de ces gènes. Un cas d'école s'est ainsi présenté au Canada, où un agriculteur a voulu tester ces différentes variétés nouvelles sur son exploitation (donc en proximité géographique) et apparemment sans suivre les recommandations afin d'éviter les repousses : une étude qui a examiné ce cas a trouvé 0,2 % de plants de colza avec trois gènes de résistance (dont celui d'origine non-transgénique contre les imidazolinones). Elles résultent de croisements dans ses champs. Il faut noter que de tels hybrides vont séparer leurs caractères à la génération suivante (par le brassage normal des chromosomes): les trois gènes de tolérance se sépareront donc. Ainsi, ce cas extrême et médiatisé ne reflète pas la difficulté réelle qui est plus diffuse. En effet, dans un pays qui autorise simultanément la culture de colza tolérant l'un ou l'autre des quatre herbicides cités ci-dessus, la présence fortuite et à faible taux de ces gènes de résistance dans les semences est donc inévitable. Confronté à l'une ou l'autre résistance, l'agriculteur doit donc disposer d'un herbicide « de réserve » (sans gènes de tolérance mis sur le marché): les cultivateurs canadiens de colza considère que le problème est « *gérable* » par le recours à l'herbicide 2-4D.

La dispersion des plantes transgéniques

Les plantes transgéniques peuvent-elles envahir des milieux naturels ?

L'impact sur l'agriculture, l'économie, la biodiversité et même la santé publique des invasions biologiques de milieux par des espèces non-indigènes, introduites accidentellement ou délibérément, n'est plus à démontrer. En ce qui concerne les plantes agricoles, une domestication ancienne entraîne un déclin de leur capacité d'envahissement, en raison de la longue sélection génétique qu'elles ont subie, et qui a généralement éliminé les caractères nécessaires à la survie en milieu naturel.

Le colza, dont la domestication est relativement récente, peut cependant être considéré comme semi-envahissant. Des populations, dites férales, existent aux abords des champs, des routes, etc. Ce n'est pas le cas du maïs par exemple. En ce qui concerne les nouvelles variétés de colza (herbicide-tolérantes ou d'autres en cours de développement, notamment à teneur lipidique modifiée) aucune donnée ne suggère un accroissement de leur capacité propre d'envahissement. Le suivi sur 10 ans de diverses espèces génétiquement modifiées (colza, maïs, betterave et pomme de terre) n'a pas montré de survie dans la nature (étude britannique de 2001), ce qui n'exclut pas la persistance transitoire de transgènes pour certaines espèces (voir ci-dessous) et certains habitats, pendant quelques générations dans le cas d'échappées formant des populations férales – notamment de colza.

Quels sont néanmoins les cas de risque théorique? Les plantes résistant à des insectes pourraient acquérir un avantage sélectif dans la nature sous forte pression de ces parasites, mais en fait il n'y a pas d'exemple connu que ces derniers constituent un facteur limitant pour la dispersion de plantes de culture. Dans le cas de la tolérance à un herbicide, les plantes pourraient acquérir une capacité de prolifération éventuelle là où l'herbicide est appliqué. Hors des champs, l'avantage sera donc localisé à des zones perturbées par traitement par le même herbicide. Si c'est le cas, l'évaluation réglementaire des risques, avant autorisation d'une telle plante herbicide-tolérante, examinera si une solution de gestion existe ou non.

Ces risques théoriques sont quasi inexistants pour le maïs; ils existent pour le colza et perdurent plus d'une année car un faible pourcentage de ces graines gardent pendant une dizaine d'années, dans le sol, la capacité de germer. Cela a été montré par l'identification sur le bord de routes d'individus appartenant à des lignées (non-génétiquement modifiées) dont la culture a été abandonnée depuis au moins 8 ans (variétés contenant les substances indésirables glucosinolates et acide érucique, dont nous reparlerons ci-dessous).

L'expérience acquise dans divers pays indique que des dispersions de graines peuvent se produire à cause de pratiques inadaptées lors du transport ou des manipulations des semences, ou du déplacement de terres à la faveur de la construction de routes ou de logements. Ces *flux de graines* ne sont pas synonymes d'envahissement, ni d'impact dommageable sur l'environnement, mais – dans un contexte de perception négative des plantes transgéniques par le public – ils accréditent l'idée d'une dissémination incontrôlable des OGM. Il faut cependant noter que la même question se pose, peut-être de manière plus pertinente, pour les variétés de colza à usage non-alimentaire (conventionnelles ou transgéniques), et dont nous reparlerons.

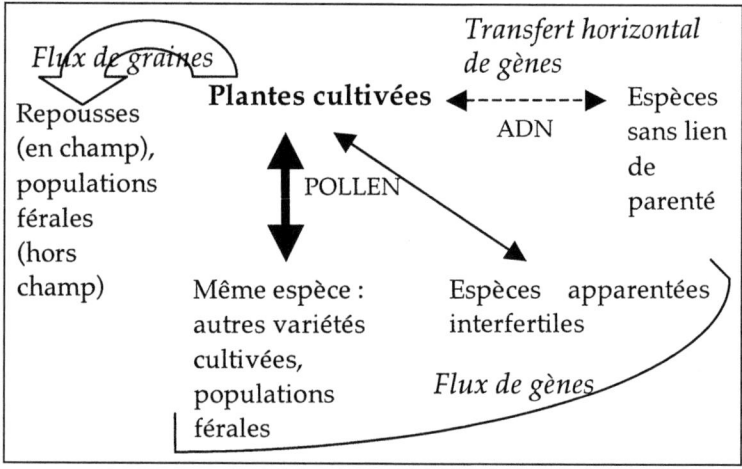

Figure 3. **Possibilités théoriques d'échanges de gènes** (les relations représentées ici sont détaillées dans le texte).

Ces flux de graines sont extrêmement faibles chez le maïs, dont les graines n'ont qu'une capacité limitée de survie pendant l'hiver des pays tempérés. Les betteraves cultivées représentent un cas de figure intermédiaire : elles n'envahissent pas les habitats en bordure des champs, malgré une possibilité de survie pendant les hivers doux des individus non-récoltés ; cependant une étude française publiée en 2003 a attiré l'attention sur le déplacement possible par les activités humaines de graines contenues dans le sol. Il s'agissait, dans cette étude, d'hybrides associés aux cultures de betterave (nous réexaminerons leur cas plus tard). On ne peut parler ici de dommage à l'environnement, mais les individus qui germeraient, comme pour le colza, pourraient contribuer à ce que l'on appelle le *flux de gènes*, notion définie ci-dessous.

Présence fortuite de transgènes : flux de gènes entre variétés

Le *flux de gènes* se définit comme l'échange par voie sexuelle (pollinisation) de matériels génétiques entre plantes ayant un patrimoine génétique différent. Il peut s'agir de variétés différentes à l'intérieur d'une même espèce (transfert *vertical*), ou d'espèces distinctes mais qui peuvent se fertiliser (transfert *diagonal*). Pour préciser la question, il est nécessaire d'examiner la vie des plantes donneuses et réceptrices. Les dates de floraison sont-elles simultanées ? L'espèce est-elle *autogame* (auto-fécondation) ou *allogame* (fécondation entre individus distincts) ? Le mode de dispersion du pollen, sa quantité, sa morphologie et sa durée de vie influent sur la fréquence de ces pollinisations croisées, ainsi que les conditions climatiques (vent, température, humidité) et les barrières naturelles (topographie, végétation, distance). Une distinction espèce par espèce est ainsi indispensable.

Le **blé** est très largement autogame, mais certaines variétés et des facteurs environnementaux peuvent donner lieu à des flux de gènes occasionnels et faibles jusqu'à 30 ou 40 mètres. Sur des distances plus longues (300 m), une étude a observé un flux de gènes de 0,005 %. Une autre a estimé ce flux à 0,1 % entre deux champs attenants de plus de 10 hectares et sans mesure particulière d'isolement.

Le **riz** domestique est une plante autogame et la viabilité de son pollen est faible, mais la possibilité de transfert de gènes entre variétés n'est pas nulle. Ainsi des études ont montré que les flux de transgènes étaient de 0,1 % à 1 m et de 0,01 % à 5 m, ce qui est en accord avec les données antérieures sur les variétés non-transgéniques.

La probabilité de flux de gènes est en théorie plus importante pour le **maïs** car il est majoritairement allogame. Cependant, 95 % environ du pollen produit se dépose, après transport par le vent, à moins de 10 m de la plante qui l'a produit ; de plus la durée de vie de ce pollen est courte. Une étude française du Programme Opérationnel d'Évaluation des Cultures issues des Biotechnologies[1] a montré que deux parcelles, à proximité immédiate, présentent un taux de fécondation croisée inférieur à 0,9 % (le seuil pour l'obligation d'étiquetage en Europe). Ces données paraissent en accord avec les autres études récentes : citons l'une d'entre elles (de 2005) qui a observé des taux de fécondation croisée de 0,08 à 0,0002 % à 100 m environ, c'est-à-dire des taux inférieurs, pour la plupart, au seuil détectable (soit 0,1 %, voire 0,05 %) par les méthodes routinières utilisant l'ADN. Cette dernière étude a aussi montré que décaler les dates de semis, et donc de floraison, réduit ce taux (0,003 à 0 % au delà de 100 m pour un décalage de 2 semaines, par exemple).

Une question spécifique se pose au Mexique, berceau ancestral du maïs, au sujet de la conservation des *races* locales. La culture de maïs transgénique n'est pas autorisée dans ce pays. Un travail décrivant la présence de transgènes dans ces variétés locales fut publié en 2001 dans la revue *Nature* par David Quist et Ignacio Chapela. Indiscutablement, cette publication illustre le concept d'alerte scientifique (comme celle sur le papillon Monarque, dont nous avons discuté page 32). Ce travail s'est cependant révélé fallacieux dans sa méthodologie et la publication, après maintes critiques, a finalement été désavouée par le Comité éditorial de la revue. Le retentissement médiatique de l'article a néanmoins induit des réflexions très diverses et des rapports[2] sur les particularités de la culture du maïs au Mexique, la réserve de biodiver-

---

1. www.maizeurop.com (voir bibliothèque des documents, puis POECB).
2. www.cec.org/maize/index.cfm?varlan=francais.

sité qu'il représente et l'impact possible de la « contamination » par des transgènes. Dans ces rapports, un consensus semble s'être établi sur la réalité d'une telle présence fortuite de transgènes, à la suite d'études diligentées par le gouvernement mexicain. Cependant, aucune publication scientifique validée ne le démontre pour le moment. Bien au contraire, une étude conjointe d'organismes gouvernementaux mexicains et de l'*Ohio State University*, publiée en 2005, n'a pas identifié de transgènes dans les maïs de l'État Oaxaca, là où d'autres affirmaient que cela était le cas! La possibilité de croisements futurs entre maïs en provenance des États-Unis et variétés locales ne semble pas totalement exclue si l'on considère, d'une part l'importation importante de ce maïs par le Mexique, et d'autre part l'habitude ancestrale des paysans mexicains de pratiquer des croisements entre leurs variétés et toute variété jugée génétiquement intéressante. Certains considèrent ces présences fortuites comme une atteinte à la culture mexicaine (au sens social du terme), dans un contexte où la transgenèse est perçue comme une rupture avec la génétique pourtant millénaire dans ce pays. Qu'en est-il de la conservation de la diversité des races locales? Celle-ci a été pérennisée par la génétique paysanne particulière du Mexique, réalisée indépendamment chez de multiples petits fermiers qui assurent le maintien des races locales, tout en les hybridant avec des matériels génétiques qu'ils se sont procurés hors de leur collectivité. Loin d'être figées, les variétés traditionnelles apparaissent au contraire dynamiques. Cette « créolisation » est destinée à accroître la productivité (qui reste cependant faible), mais elle se révèle surtout source d'une diversité que n'apporterait pas un organisme central de sélection qui distribuerait ses lignées « élites », certes plus performantes, mais moins hétérogènes. C'est donc surtout la disparition de cette structure rurale qui menace l'agrodiversité du maïs au Mexique. Néanmoins, un apport permanent et généralisé de gènes « productifs », en provenance des États-

Unis par exemple, pourrait limiter cette diversité en éliminant certains gènes « locaux » moins intéressants. Un tel effet de sélection pourrait se concevoir pour des gènes, dits naturels, portés par les maïs nord-américains, mais cela reste une hypothèse car rien ne prouve que ces gènes (ni d'ailleurs les transgènes de type Bt ou de tolérance à un herbicide) soient réellement productifs dans le contexte mexicain.

Le **colza** a lui aussi fait couler beaucoup d'encre. Il s'agit d'une plante partiellement allogame (de 12 à 55 % de fécondation par une autre plante). Sa pollinisation est assurée à la fois par le vent et les insectes, notamment les abeilles. Des études ont montré que le taux de fécondation de plantes receveuses de pollen était inférieur à 1 % si le donneur de pollen se trouvait à plus de 30 m, et de 0,1 % au-delà d'une centaine de mètres. En France, les études menées à petite échelle ont montré que la plus grande partie du pollen ne parcourait pas plus de quelques mètres mais qu'une dispersion sur plus de 400 m était néanmoins possible (jusqu'à 0,1 %). Maintenir le taux de présence fortuite sous 1 % nécessiterait ainsi une distance de séparation de quelques dizaines de mètres. Cependant, pour garantir un taux inférieur (lors de la production de semences certifiées, par exemple) une distance plus grande s'avère indispensable. Si le taux de dispersion du pollen diminue avec la distance lorsque celle-ci reste courte, il subsiste néanmoins une possibilité de pollinisation à longue distance, à taux faible. Une étude à plus grande échelle en Australie a ainsi montré qu'une faible quantité de pollen pouvait polliniser jusqu'à 3 km (de manière aléatoire) alors que, dans le cas de champs adjacents, la pollinisation croisée restait inférieure à 0,2 %. Une étude britannique a détecté une pollinisation à 20 km : il s'agissait cependant de plantes affligées d'une stérilité mâle (qui ne produisaient pas leur propre pollen), ce qui signifie que la faible proportion de pollen « étranger » arrivant sur ces plantes n'était pas concurrencée par le pollen produit sur place et normalement bien plus abondant. En résumé : la dispersion du pollen de colza décroît rapidement avec la distance, mais se maintient à un taux faible sur plusieurs km. Le transport du pollen par des insectes pourrait expliquer cette pollinisation à longue distance, mais cela n'est pas établi. Ces études concernaient des parcelles relativement individualisées (ce qui facilite les analyses). Dans le cas d'une zone de production dense, les possibilités de pollinisation de champ à champ se multiplient : sur une zone de production de colza de 10 x 10 km, une étude française publiée en 2005 a trouvé jusqu'à 5 % de pollinisation provenant d'une source étrangère au champ considéré.

Le **cotonnier** s'auto-féconde en grande partie, mais en présence d'insectes, notamment les abeilles, une pollinisation entre individus est possible. Différentes études ont ainsi mesuré des flux de gènes variables suivant l'activité des insectes pollinisateurs. Les taux de pollinisation entre plantes apparaissent néanmoins inférieurs à 1 % au-delà d'une dizaine de mètres. Une étude en Californie, publiée en 2005, confirme cette décroissance forte en fonction de la distance mais a observé des cas sporadiques (0,04 %) à 1 600 m. Le **soja** s'auto-féconde lui aussi et la pollinisation croisée est limitée : 0 à 6 % pour des plants distants de 15 cm et jusqu'à 0,03 % à 5 m (à titre d'exemple, pour une étude). Pour la **betterave**, des flux de gènes entre variétés doivent être anticipés, sauf rallongement des distances de séparation et amélioration des filières actuelles de production de semences (voir ci-dessous).

Que peut-on conclure ? Une limitation des flux de gènes nécessite, chez certaines espèces, des mesures actives : distances de séparation (voire des zones de production dévolues), dates de floraison échelonnées ou d'autres dispositifs. Cela suppose des accords locaux entre cultivateurs. Cependant, obtenir un flux nul, partout et toujours, n'apparaît pas réaliste.

Coexistence et réversibilité

Cet ouvrage ne suffirait pas à traiter exhaustivement de la possibilité ou non de faire cohabiter sur un territoire donné les cultures transgéniques et les autres. Il faut cependant définir ici ce que l'on entend par *coexistence*. Sous ce vocable, une coalition de Régions européennes réclame le droit d'interdire toute culture de plantes génétiquement modifiées, même en cas d'autorisation légale européenne. Les motivations à cette non-cohabitation (ou coexistence « chacun de son côté »!) sont à chercher dans des choix économico-politiques en faveur d'autres types de cultures, ou encore dans le poids électoral de partis opposés aux plantes transgéniques. Des rapports concluent, d'autre part, que « *la coexistence est possible* ». Cela signifie en fait que la présence fortuite d'OGM dans les produits non-OGM restera minimale et conforme aux normes en vigueur, même en cas de cohabitation effective (sous réserve, dans certains cas, d'améliorations de la séparation des filières). Cependant, ces rapports n'excluent pas des dépassements de normes accidentels, lesquels justifieraient l'existence d'un système d'assurance aujourd'hui inexistant dans la plupart des pays.

Un certain niveau d'impureté existe ainsi entre variétés conventionnelles, mais le respect des normes semble moins rigide que pour les variétés transgéniques. Au Canada, pour les colzas oléagineux, la présence fortuite de variétés tolérant un herbicide est constatée dans la plupart des lots de semences certifiées. Elle dépassait même en 2003, dans la moitié des lots testés, la valeur tolérée de 0,25 %, ce qui oblige les professionnels à mettre en oeuvre des procédures plus rigoureuses de séparation. Notons que ces démarches de limitation des présences fortuites apparaissent utiles bien au-delà du cas des OGM : la diversification des variétés de colza, par exemple, pose la même question. En effet, certaines variétés destinées à un usage alimentaire différeront à l'avenir dans leur composition en huile; d'autres auront été sélectionnées pour un usage non-alimentaire (lubrifiants industriels, résines plastiques, biocarburants, etc.). Ici aussi, les présences fortuites devront être limitées dans les semences tout d'abord, et dans les récoltes ensuite. Pour le maïs, limiter les présences fortuites apparaît plus aisé du fait d'une pollinisation croisée limitée en distance et parce qu'il est cultivé, dans les pays développés, à partir de semences hybrides (élaborés séparément, suivant des normes de qualité) rachetées chaque année par le cultivateur.

Le cas spécifique de l'agriculture biologique semble plus délicat puisque celle-ci a fait le choix d'une tolérance zéro (ou du moins sous le seuil de détection qui avoisine généralement 0,1 %). En reprenant le cas le plus problématique, celui du colza, il n'est évidemment pas possible de tenir un engagement de niveau zéro de présence fortuite d'OGM, dans les zones, au Canada par exemple, où le choix des agriculteurs a été largement en faveur des colzas tolérant un herbicide. Les pistes à examiner dans ce cas pourraient être : soit accepter un seuil de tolérance, soit s'isoler géographiquement de manière réelle (grâce à des accords locaux entre agriculteurs) et organiser des filières étanches dès la production des semences. Notons que parmi les superficies dévolues à l'agriculture biologique, la betterave, le colza et le maïs représentent moins de 3 % (et quelques fois moins de 0,3 %) dans les principaux pays européens. Elles sont en revanche dispersées, ce qui implique une multiplicité d'accord locaux. Les productions fruitières et légumières ne sont pas concernées par un éventuel flux de transgènes (puisqu'il n'y a pas de variétés transgéniques dans ce cas).

Il convient de mentionner qu'il n'y a pas de cas démontré de « contamination » en provenance d'essais au champ dans les conditions restrictives imposées en Europe. Aux États-Unis sur les quelque 47 000 essais réalisés, seul quelques incidents (non-respect des distances d'isolement, non-élimination des repousses) ont été signalés, et sanctionnés.

Les chercheurs ont mené à bien leur mission d'apport de connaissances sur les flux de gènes. À la société de faire ses choix ! L'impossibilité d'un compromis aboutirait, dans une région donnée, à l'euthanasie d'une forme d'agriculture (comme le colza biologique au Canada, ou le maïs Bt dans la plus grande partie de l'Europe).

En cas de choix de cultiver une variété OGM sera-t-il possible de revenir en arrière, c'est-à-dire à des cultures non-OGM pour la même espèce ? En termes catastrophistes : lorsqu'un gène est « *lâché dans la nature* », devient-il « *impossible de le rattraper* » ? Ici aussi, le colza fournit l'exemple le plus défavorable mais qui a fait l'objet d'un précédent (non-transgénique) pour nous éclairer. À partir de 1973 en France, les variétés utilisées jusque-là, qui contenaient des teneurs élevées en acide érucique (un acide gras soupçonné de provoquer des maladies cardio-vasculaires), furent remplacées par des variétés nouvelles à faible teneur en cet acide (variétés dites 0). Le retour à une norme de 2 % de présence fortuite des variétés « éruciques » fut réalisé en 3 ans. La même opération fut réalisée avec succès une dizaine d'années plus tard pour de nouvelles variétés (dites 00) à teneur réduite en acide érucique et en glucosinolates. Ces derniers sont des substances goitrigènes qui limitaient les possibilités de consommation du tourteau de colza. « *Rattraper* » un gène est donc possible, même chez le colza, mais un cultivateur qui voudrait repasser en colza conventionnel après culture de variétés transgéniques devra activement éliminer la présence de transgènes (dans les graines du sol notamment) pendant plusieurs années.

Flux de gènes vers des espèces apparentées

Il est aujourd'hui établi que des flux de gènes existent entre espèces cultivées conventionnelles et espèces sauvages apparentées. Dans de rares cas, des dommages en ont résulté : apparition de nouvelles mauvaises herbes, extinction d'espèces comme le riz sauvage *Oryza perennis formosa* à Taïwan. Les flux de gènes des plantes transgéniques actuelles ne diffèrent pas de ceux des non-transgéniques : ils dépendent de la possibilité ou non de la pollinisation d'une espèce par une autre, de la viabilité plus ou moins grande de l'hybride ainsi formé, de sa fertilité, de la capacité de la descendance de l'hybride initial à se reproduire en conservant un ou plusieurs chromosomes issus de la plante cultivée (sinon il redevient *sauvage*!). Il est important de garder en mémoire qu'une hybridation initiale ne signifie pas assimilation durable de gènes (le terme scientifique est *introgression*). En théorie, l'utilisation continue d'un herbicide peut favoriser la persistance de gènes de tolérance, lorsqu'un flux de gènes existe vers des espèces apparentées. En soi, ce flux ne peut être scientifiquement assimilé à un dommage, mais il est un élément de risque à évaluer.

La plupart des plantes de culture possèdent une ou plusieurs espèces sauvages interfertiles quelque part dans le monde. Une hybridation avec ces espèces n'est pas possible en Europe dans les cas suivants : blé, coton, maïs, pomme de terre, riz, soja, tomate, tournesol. En revanche, la question se pose pour la betterave, le colza la carotte (vers des espèces du genre *Carota*), la luzerne, l'orge (vers *Hordeum spontaneum*), sans oublier les herbes. Examinons les cas des variétés transgéniques commercialisées (ou qui pourraient l'être dans un avenir proche).

La **betterave sucrière** (*Beta vulgaris* sous-espèce *vulgaris*) fait partie d'un groupe très variable d'espèces interfertiles. Celui-ci comprend notamment une forme sauvage qui se trouve dans des populations, dites férales, près des champs du Sud de la France par exemple, et une sous-espèce sauvage, dite maritime (*B. vulgaris* sous-espèce *maritima*), qui pousse le long de certaines côtes, quelques fois à proximité des champs. La filière européenne de la betterave est organisée en zones de récolte de semences (dans le Sud-Ouest de la France, en Italie du Nord), où les betteraves fleuriront normalement une année après le semi, et d'autre part en zones de production (Nord de la France par exemple), où l'on récoltera les racines la première année (sans laisser fleurir la plante). En revanche, la forme férale fleurit dès la première année et forme des hybrides avec la forme cultivée. Ces derniers peuvent pousser en champ où ils seront des mauvaises herbes et hors des champs (souvent sous formes de colonies éphémères). Les graines commerciales contiennent un certain pourcentage de ces hybrides « mauvaises herbes » qui pourront, s'ils ne sont pas éliminés, produire du pollen et des graines la première année en champ. Autour des champs semenciers, le producteur a obligation d'éliminer ces hybrides et les populations férales dans un rayon d'1 km afin de minimiser la formation d'hybrides « mauvaises herbes », c'est-à-dire le flux de gènes des populations sauvages vers les plantes cultivées. L'inverse s'est également produit : des travaux dans divers pays ont montré des flux de gènes des plantes cultivées vers les formes ou les sous-espèces sauvages. Une étude en Italie (dans une zone de production de graines) suggère cependant un impact limité sur la durée (un siècle de culture). Il convient donc de distinguer formation d'hybrides (transitoire) et assimilation durable de gènes.

Sans préjuger de la persistance, les flux de gènes peuvent se produire en cas de proximité géographique :
– dans les régions semencières (là où il y a floraison de l'espèce cultivée) entre betteraves cultivées et soit la sous-espèce maritime (par exemple en Italie dans la vallée du Pô), soit la forme sauvage (Sud-Ouest de la France),
– dans les régions de production de betterave, si les rares événements de floraison ne sont pas éliminés.

Comment a-t-on mesuré ces flux ? Des expériences ont été menées par mesures directes en champ expérimental. Dans ce dernier cas, une étude européenne a montré une dispersion principalement dans un rayon de 35 m et faible à 100 m. D'autres études ont cherché à mettre en évidence des flux dans des situations réelles et sur des durées plus longues, comme l'étude en Italie mentionnée ci-dessus. Une étude dans une zone de production de betterave du nord de la France a également comparé certains gènes *marqueurs* entre des hybrides pouvant fleurir dans un champ et une population de la sous-espèce maritime située à 2 km. Les flux de gènes entre les deux populations se sont rarement produits par pollinisation, mais les auteurs ont identifié un flux de graines (que nous avons évoqué ci-dessus) qu'ils considèrent comme susceptible de participer à la dispersion de gènes. D'autres sont partis de la présence, dans les semences commerciales, de gènes en provenance des populations férales, en considérant qu'elle permet de modéliser la situation réelle d'échanges de gène et d'en prédire la dispersion de transgènes dans le sens inverse.

En résumé, malgré les mesures d'isolement en vigueur sur 1 km, les flux de gènes existent entre l'espèce cultivée et les hybrides associés, ce qui implique un possible transfert des transgènes, de tolérance à un herbicide par exemple, vers ces hybrides, empêchant de fait leur maîtrise durable grâce à cet herbicide. Il reste à examiner s'il est possible de retarder ce phénomène. Il conviendra de déterminer si de tels flux peuvent avoir des conséquences inacceptables en termes de conservation de la biodiversité, mais rien ne permet de l'affirmer à l'heure actuelle.

Le **colza** (*Brassica napus*) est le produit d'un croisement entre un chou (*B. oleracea*) et une navette (*B. rapa* sous-espèce *campestris*). Le colza peut-il s'hybrider avec l'un de ses « parents »? En ce qui concerne *B. oleracea*, il n'y a pas d'exemple connu d'hybride formé en condition naturelle avec le colza. Une étude anglaise de 2000, qui examinait sur 15 000 km^2 les zones où coexistent le colza (non-transgénique) et ses géniteurs sauvages, n'a pu identifier qu'un seul hybride avec *B. rapa* et aucun pour *B. oleracea*. Ceci indique une faible aptitude de survie de tels hybrides. En effet, le colza possède un ensemble de chromosomes inhabituel : 2 jeux de chromosomes de *B. rapa* et 2 de *B. oleracea* (et ces chromosomes sont différents entre les 2 espèces). Dans les brassages de chromosomes qui découlent du croisement du colza avec une autre espèce, tous les cas de figure sont possibles et certaines combinaisons qui conservent des chromosomes de l'un des parents simultanément avec des chromosomes de l'autre ne sont pas aptes à survivre. Cependant, cette aptitude peut varier suivant les conditions et la persistance de gènes de colza dans la descendance de *B. rapa*, après hybridation, a été observée par plusieurs autres études menées au Royaume-Uni, au Danemark ou au Canada. Les navettes sauvages *B. rapa*, là où elles existent, sont donc des candidats possibles pour capter durablement des transgènes du colza. En France, les espèces sauvages susceptibles de se croiser avec le colza sont essentiellement au nombre de 3 :

– la moutarde des champs (*Sinapis arvensis*) dont le pollen ajouté manuellement peut féconder du colza mâle-stérile : la probabilité de former des hybrides en conditions de culture normale semble très limitée ;

– la roquette bâtarde (*Hirschfeldia incana*), plante peu présente dans les zones de production de colza : aucune survie de gène de colza n'a été observée dans une étude sur 5 générations après formation manuelle des hybrides ;

– la ravenelle (*Raphanus raphanistrum*), espèce présente dans les zones de production du colza : des études de l'Inra ont montré que la probabilité d'obtenir des hybrides est faible et cela est confirmé par d'autres ; de plus la capacité de ces hybrides à se maintenir semble limitée et aucune présence durable de transgène n'a été observée dans les essais au champ français (Inra, Cetiom), ni dans d'autres. Il convient cependant de noter, qu'en cas de culture commerciale, la possibilité de croisement entre colza et ravenelle se renouvelle chaque année de culture du colza. De plus, ces hybrides, peu nombreux et voués à l'extinction, peuvent produire une descendance artificiellement plus nombreuse s'ils bénéficient de la protection de gènes de tolérance à un herbicide (si celui-ci est utilisé dans le champ).

En résumé, c'est donc essentiellement vers *B. rapa* qu'un flux de gène du colza peut donner lieu à une présence durable. Les problèmes potentiels posés par un transfert de gène de tolérance à un herbicide sont de même nature que ceux liés à l'apparition spontanée d'une résistance chez une mauvaise herbe, c'est-à-dire agronomiques avant tout. Dans ce dernier cas, le problème paraît plus sérieux que la survie sporadique de transgènes consécutive à des flux de gènes du colza vers la ravenelle ou la moutarde de champs.

Le **blé** (*Triticum aestivum*) possède également un ensemble de chromosomes inhabituel (3 de ses lointains parents lui ont chacun transmis 2 jeux de chromosomes). Ses hybrides avec des espèces sauvages apparentées sont peu viables. Néanmoins des assimilations durables de segments d'ADN de blé existent dans plusieurs espèces d'égilope, mais de manière sporadique et limitée à certaines zones géographiques (dont les États-Unis, où *Aegilops cylindrica* est une mauvaise herbe du blé d'hiver).

Dans le cas du **riz**, les études ont montré des taux variables (nul dans certains cas mais pouvant aller jusqu'à 50 % dans d'autres) de transfert de gènes entre riz cultivé et des formes « mauvaises herbes » de la même espèce (associées aux cultures) ou une espèce sauvage apparentée. Il faut donc distinguer les variétés, leur localisation, etc., et vraisemblablement ne pas implanter des riz aux performances améliorées ou tolérant un herbicide dans les régions où des mauvaises herbes apparentées sont problématiques.

Les espèces et sous-espèces sauvages apparentées au **maïs**, décrites sous le nom collectif de téosinte, existent en Méso-

Amérique. La question du flux de gènes du maïs vers ces espèces se pose là où elles cohabitent avec le maïs cultivé, c'est-à-dire dans certains États du Mexique et au Guatemala. Le téosinte est considéré comme une mauvaise herbe en certains endroits et des hybrides peuvent se former avec le maïs (principalement avec le téosinte comme donneur de pollen). Un éventuel flux de gènes du maïs vers le téosinte doit peut-être transiter par ces hybrides avant d'atteindre le téosinte ; il semble limité mais un consensus scientifique n'est pas réalisé sur sa fréquence réelle.

Les possibilités de transferts de gènes des 2 espèces de **cotonnier** cultivé vers des espèces sauvages du même genre (*Gossypium*) existent théoriquement mais semblent faibles.

Des flux de gènes n'ont pas été observés du **soja** cultivé (*Glycine max*) vers l'espèce sauvage et ancestrale (*Glycine soja*) vivant en Chine et dans des pays limitrophes. Mais les données apparaissent encore limitées, notamment pour les formes semi-sauvages de *G. max*.

Au contraire, la **luzerne** (*Medicago sativa*) donne lieu à des pollinisations croisées (grâce aux insectes) avec différentes sous-espèces ou espèces apparentées sauvages, principalement en Asie, Moyen-Orient, Europe et Afrique du Nord, mais aussi pour certaines en Amérique du Nord.

En ce qui concerne les **herbes de gazon ou de fourrage**, sur plus de 100 espèces utilisées dans le monde, une dizaine sont, après transformation génétique, au stade des études en champ aux États-Unis. Pour l'une d'elles, l'agrostide stolonifère (*Agrostis stolonifera*), fréquemment utilisée sur les parcours de golf, des variétés génétiquement modifiées tolérant le glufosinate ou le glyphosate ont été développées (qui pourrait alléger les traitements herbicides sur les golfs). L'agrostide est considérée, dans certains cas limités, comme une mauvaise herbe. En conditions naturelles, elle peut former des hybrides avec certaines espèces apparentées mais très inefficacement. Le principal obstacle à la commercialisation de cette herbe semble être la mise en évidence d'une pollinisation à longue distance (une dizaine de kilomètres) de la même espèce et d'au moins une espèce proche.

En résumé, aucune étude n'a démontré de dommages *écologiques* en raison de flux de gènes de variétés transgéniques vers des espèces sauvages. Néanmoins, le transfert de gènes de tolérance à un herbicide peut poser un problème de *gestion* agronomique dans certains cas : le cas à éviter absolument est le **sorgho** dont certaines espèces apparentées sont des mauvaises herbes redoutées. Les gènes Bt apparaissent moins susceptibles de fournir un avantage sélectif à des plantes sauvages : il faudrait pour cela que la propagation de ces plantes dans les milieux naturels soit limitée par des insectes, et que ces insectes soient éliminés par la toxine Bt en question. Cela reste du domaine de l'hypothèse de travail.

Le cas spécifique de la moléculture et la maîtrise de la dispersion des transgènes

Les techniques de transgenèse peuvent permettre la production par les plantes de diverses molécules (médicaments, vaccins et autres produits carbonés). La présence de ces composés dans l'environnement pourrait, dans certains cas, avoir des impacts plus marqués qu'une protéine Bt par exemple. De toute façon, impacts ou non, toxiques ou non, ces produits ne devront pas entrer dans la chaîne alimentaire : d'un point de vue purement réglementaire, ils n'auront pas l'autorisation pour cet usage.

Comment limiter la dispersion des transgènes ? La première méthode envisageable serait d'utiliser des plantes non-alimentaires (comme le tabac). Souvent, pour des raisons pratiques, cela n'est pas le cas. Et cela ne résoudrait pas nécessairement le cas des flux de gènes vers les espèces interfertiles. La culture dans des zones spécifiques – où la même espèce n'est pas cultivée par ailleurs – et dépourvues d'espèces interfertiles représente une option. Le recours à des plantes incapables de produire du pollen, soit mâle-stériles, soit « castrées », fournit une autre solution (le principe est largement répandu dans la production de maïs hybride conventionnel, par exemple). Dans ce cas, quelques rangées de plantes fertiles non-transgéniques assureront la production de pollen.

Les autres mesures envisageables sont génétiques. Le transgène pourrait à l'avenir être inséré dans le chloroplaste : cet organite spécifique de la cellule végétale possède son propre génome, distinct du génome présent dans le noyau (voir p. 112), et qui est, dans beaucoup d'espèces, transmis à la descendance par le parent femelle. La dispersion de gènes via le pollen sera fortement limitée dans ce cas.

D'autre part, citons les techniques de restriction de l'usage génétique (*GURT*) qui pourraient, par diverses astuces moléculaires, empêcher la germination des graines issues d'un champ de production. Ces techniques ne sont pas opérationnelles : elles ne relèvent que du concept (certes breveté par le Ministère de l'Agriculture des États-Unis et la société *Delta and Pine Land*). Elles font de plus l'objet d'un moratoire de fait, à la suite d'oppositions à leur utilisation (qui empêcherait la propagation des semences par les agriculteurs). Cette critique de ces technologies, décrites sous le terme péjoratif de *Terminator*, apparaît moins valide pour les plantes de moléculture qui ouvrent des perspectives nouvelles, indiscutablement différentes de l'agriculture traditionnelle.

Les plantes résistant à des virus

Les bénéfices escomptés

Les scientifiques ont répertorié plus de 1 000 virus de plantes. Les dommages engendrés par ces entités biologiques, limités sur certaines plantes de cultures, peuvent se révéler dévastateurs sur d'autres. Dans ces derniers cas, l'obtention de variétés de plantes résistantes revêt une importance économique considérable, d'autant plus qu'il n'existe pas de remèdes alternatifs qui puissent directement éliminer ces virus. Les seules marges de manœuvre consistent à limiter la propagation du virus en contrôlant ses vecteurs habituels (pucerons ou autres insectes, nématodes, etc.) et réduire les réservoirs dans les végétaux eux-mêmes, en arrachant et brûlant les plants infectés.

Outre les aspects économiques, les bénéfices environnementaux escomptés de variétés de plantes résistantes concernent une réduction éventuelle de l'emploi de pesticides pour contrôler les vecteurs des virus. L'introduction simultanée d'une lutte biologique (difficilement compatible avec des traitements massifs par des pesticides) deviendrait aussi envisageable. Ces potentialités nécessitent bien sûr une validation en situation d'exploitation réelle.

À ce propos, chez quelles espèces de plantes trouve-t-on des variétés commercialisées résistant à des virus? Mentionnons d'abord le cas particulièrement emblématique de la papaye. En effet, un potyvirus (le virus des taches annulaires de la papaye) cause des dommages majeurs à la production de papaye. À Hawaï, les dommages du virus furent constatés à partir des années 1940 sur une île de l'archipel. En 1992, le virus s'attaqua à la principale région de production sur la Grande Ile où il entraîna une chute notable de la production, malgré les efforts pour contenir les pucerons qui le propagent ou l'élimination des arbres infectés. Des lignées transgéniques résistant à ce virus, produites par le laboratoire de Dennis Gonsalves, sont commercialisées avec succès depuis 1998. Elles semblent avoir contenu le virus et sauvé la production de papaye à Hawaii. Selon la *Hawai'i Papaya Association*, sans la variété résistante dénommée *Rainbow*, il ne resterait aujourd'hui que peu de producteurs de papaye sur l'archipel. Il faut noter que l'ensemble de la production n'est pas transgénique: les variétés non-transgéniques et donc non-résistantes semblent bénéficier d'un certain niveau de protection indirecte, grâce à la réduction du nombre de réservoirs de virus induite par les transgéniques. C'est le cas par exemple de la variété non-transgénique *Kapoho solo*, très appréciée des Japonais. Ces derniers n'ont pas encore autorisé l'importation de la variété génétiquement modifiée. La coexistence et le tri des différentes filières pour l'exportation (vers les pays ouverts ou non aux OGM) s'imposent ainsi, ce qui ne va pas toujours sans poser des difficultés : certains se plaignant en effet des risques de pollinisation croisée que ferait courir la variété *Rainbow* aux autres. Parmi les autres problèmes rencontrés, la variété parentale utilisée pour produire la lignée transgénique apparaît sensible à des maladies fongiques. Jusqu'à récemment, une lignée transgénique résistant à la fois aux virus et aux champignons n'avait pu être obtenue : ce serait aujourd'hui chose faite, mais la variété reste à tester.

La détermination mise par D. Gonsalves à combattre le virus et surmonter les obstacles ne semble pas due au hasard. Ses travaux furent réalisés à *Cornell University*, État de New York, mais ce chercheur est hawaïen d'origine. Il est aujourd'hui directeur d'un Centre de recherche du ministère de l'Agriculture basé à Hawaï et couronné du prestigieux prix von Humboldt pour l'Agriculture.

Des variétés virus-résistantes de courge et de pomme de terre bénéficient également d'une autorisation aux États-Unis, mais seules des superficies extrêmement limitées de courge sont exploitées commercialement (environ 3 000 hectares). Les essais au champ concernent cependant une quinzaine d'espèces de plantes dans ce pays. Parmi les travaux en cours, citons le blé, le riz, le piment, la tomate, le soja, l'oeillet, la patate douce, le citron vert, le glaïeul, la prune, la canne à sucre et la vigne.

Examinons ce dernier cas dans un pays comme la France, où la vigne représente une culture, aux deux sens du terme. Dans ce contexte, il s'avérerait blasphématoire d'envisager modifier les qualités du raisin ! En revanche, la protection contre le virus du court-noué, propagé par des nématodes du sol, fait l'objet de recherches. L'approche utilisée consiste en une modification génétique limitée à la partie de la vigne susceptible d'entrer en contact avec les nématodes. Cela s'avère possible chez la vigne, celle-ci étant greffée sur un porte-greffe : seul ce dernier est donc transgénique. Ainsi, contrairement à certains titres accrocheurs de la presse, pas de vigne et encore moins de « vin OGM » dans ce cas ! Remarquons aussi au passage que la vigne est une plante à multiplication végétative, et que les porte-greffes ne sont pas autorisés à fleurir en condition de culture. La question de la dissémination du pollen et du caractère transgénique à partir d'un tel porte-greffe se révèle donc sans fondement. Les vignes greffées sont, de surcroît, achetées par les vignerons chez un pépiniériste et, en général, non multipliées sur l'exploitation : l'exploitant viticole ne verra donc pas ses habitudes d'approvisionnement en plants de vigne remises en cause par des vignes au porte-greffe transgénique.

Néanmoins, l'histoire du porte-greffe expérimental résistant au virus du court-noué n'apparaît pas de tout repos. Un premier essai en Champagne, dans le cadre d'une collaboration entre l'Inra et Moët & Chandon, fut abandonné en 1999, à la suite de pressions d'une enseigne de grande distribution (et accessoirement d'un article dans un célèbre journal satirique). La question de cette expérimentation a donné lieu en 2002 à une « expérience d'évaluation de technologie interactive » de l'Inra[1] qui visait « à ouvrir la délibération sur l'orientation des programmes de recherche en associant les acteurs concernés ». Démarche de concertation apparemment louable, mais ressentie comme une « manipulation de l'opinion » par des groupes anti-OGM. Cet essai a obtenu au printemps 2004 un avis favorable de la Commission du Génie biomoléculaire, pour réimplantation en Alsace sur une parcelle où la

---

1. www.inra.fr/la_science_et_vous/dossiers_scientifiques/ogm/

présence du virus est forte. Mais l'autorisation ministérielle a tardé de manière inhabituelle (jusqu'à l'été 2005). En résumé : pas de consensus pour ce porte-greffe transgénique, pas de précipitation non plus..., pas de résultats expérimentaux – hormis ceux de la première implantation en Champagne – et départ aux États-Unis du chercheur de l'Inra Marc Fuchs (l'un des chercheurs impliqués dans ce projet)...

Les stratégies utilisées pour obtenir des plantes résistant à un virus et les risques potentiels

Produire des variétés de plantes résistant à un virus n'est pas une démarche totalement nouvelle, puisque des mécanismes biologiques existent chez certaines plantes pour s'opposer à la propagation du virus. Les plantes transgéniques actuelles utilisent certaines de ces stratégies de défense, en les transposant à une variété dépourvue de résistance contre un virus donné.

Comment cela fonctionne-t-il ? Un virus est formé de protéines (dont celle de sa coque appelée *capside*) et d'un acide nucléique ADN ou ARN (voir pages 5 à 10). C'est bien évidemment l'acide nucléique (généralement un ARN chez les virus de plantes) qui porte l'information génétique du virus. Celle-ci se compose d'un nombre limité de gènes, dont celui qui code l'indispensable protéine de la capside. Le virus a par ailleurs besoin d'infecter une cellule qui lui fournira les autres protéines qui lui manquent pour assurer sa multiplication.

À partir du milieu des années 1980, différentes équipes de recherche ont montré que l'expression d'une protéine de virus, telle la protéine de la capside, peut conférer à la plante transgénique une résistance au virus en question. Cette *immunité* n'a rien à voir avec les réactions immunologiques des animaux. Elle peut faire appel à plusieurs mécanismes. Une explication possible réside dans le fait que la présence massive et constante de cette protéine perturbe le cycle normal de multiplication du virus : celui-ci est très organisé et ne peut utiliser la protéine qu'après avoir multiplié son information génétique. Une autre explication, connue sous le nom de *silencing* (la réduction au silence d'un gène !) a été découverte grâce à l'utilisation en laboratoire des plantes transgéniques. Il s'agit d'un mécanisme qui existe aussi chez les animaux et l'Homme. Les cellules ont en effet la capacité de reconnaître les ARN viraux, notamment si la cellule possède un ARN de même séquence que celui qui est présent dans le virus. Plus précisément, la *reconnaissance* passe par l'*appariement* de 2 brins d'ARN *complémentaires* (comme nous l'avons vu pour l'ADN, pages 9 et 10). Pour ces cellules, reconnaître c'est guider l'élimination de ces ARN et, ce faisant, du virus. La présence continue d'un ARN de type viral dans une plante transgénique permet à celle-ci d'être « le couteau à la main » et de couper en morceaux l'ARN viral dès qu'il se présente !

Quels sont les risques évoqués pour ces plantes résistantes ? Tout d'abord ceux où la protéine virale synthétisée par ces plantes serait captée, dans la plante, par un autre virus que celui qui est combattu. Imaginons un cas théoriquement dommageable : si la plante synthétise une protéine de capside qui détermine la transmission du virus par les pucerons, un virus normalement non-transmissible par ces insectes pourrait le devenir en s'appropriant cette protéine. Il existe un exemple réel : celui de la courge résistant au virus de la mosaïque de la pastèque grâce à l'expression du gène de la capside de ce virus. Chez celui-ci, cette protéine conditionne sa transmission par les pucerons. En infectant ces plantes par un variant d'un autre virus, celui de la mosaïque jaune de la courgette, qui n'est normalement pas transmis par les pucerons, Marc Fuchs et collaborateurs du laboratoire Gonsalves ont observé une telle transmission. Dans ce cas, cela n'a pas, pour autant, déclenché une épidémie virale dans les parcelles de courges. D'autres exemples d'assistance d'un virus par une protéine étrangère sont connus (par exemple pour aider la propagation du virus dans la plante ou le rendre plus virulent). À l'évidence, il existe des cas de gènes à risques, et donc à éviter en usage à grande échelle. Il est à noter cependant que tous ces événements ne changent que le *phénotype* (voir page 7) des virus en question, pas leur *génotype*: l'arrêt de l'utilisation de la plante fera disparaître la source de protéine et donc le caractère observable (phénotype) créé par cette protéine. En effet, le gène incriminé ne fait pas partie de l'information génétique (génotype) propre du virus.

La présence pérenne du gène serait imaginable en cas de flux du gène vers une espèce sauvage pouvant être pollinisée par la plante de culture. À condition, bien sûr, que celle-ci conserve durablement le gène. Une plante sauvage pourrait le faire, si elle y trouvait un avantage: par exemple si l'acquisition du gène de résistance lui confère une arme contre un virus. Il faut cependant réunir encore une autre condition: que le virus en question limite effectivement la propagation des populations de la plante. Si cela est le cas, on pourrait également imaginer un accroissement de la capacité d'envahissement d'une plante dans la nature. Un tel transfert de gène de résistance a été montré dans le cas de la courge, en champ expérimental, par M. Fuchs et ses collaborateurs. Le risque théorique existe donc, mais doit être relativisé car il semble que les courges sauvages, dans leurs habitats naturels, ne soient pas sous une forte contrainte de virus. Si elles y étaient, la limitation éventuelle à la propagation des courges sauvages (imposée par le virus) se verrait soudainement levée par l'acquisition du transgène.

Un autre risque, moins hypothétique, n'a pas échappé à l'investigation des chercheurs: imaginons une captation par le virus, non pas de la protéine nouvelle de la plante transgénique, mais du gène qui la code, en l'intégrant dans sa propre information génétique. Il y aurait dans ce cas modification génotypique du virus. En fait, l'échange d'un segment d'ADN entre deux molécules d'ADN est un phénomène habituel dans la nature: il participe au brassage des gènes. Le terme scientifique est *recombinaison*. Ces échanges jouent un rôle important dans l'évolution des virus. Ils sont facilités par la présence de séquences qui se ressemblent sur les deux molécules. De telles recombinaisons ont été observées en laboratoire entre séquences d'origine virale introduites dans la plante transgénique et séquences d'un virus infectant la plante. Il s'agit cependant, dans la plupart des cas, de recombinaisons entre virus déficients (utilisés à dessein dans les expériences mentionnées ci-dessus) et un transgène qui restaure la virulence du virus. L'événement rare de recombinaison est, dans ce cas, sélectionné car le virus redevient virulent (comme un virus sauvage). Cela n'a pas de pertinence dans la nature puisque, là, ce sont déjà des virus sauvages qui sont présents. La possibilité théorique existe cependant, mais aussi, notons-le, dans le cas d'une plante conventionnelle infectée par plusieurs virus à la fois. L'observation en champ n'a pas révélé à ce jour de telles recombinaisons entre transgènes et gènes viraux dans les cas étudiés : pomme de terre, papaye, courge ou la vigne, mais elles continuent à faire l'objet d'études.

En résumé, dans l'état actuel de nos connaissances, les plantes transgéniques résistant aux virus ne semblent pas avoir d'effets environnementaux négatifs, mais une étude au cas par cas est souhaitable car certains risques théoriques ont été identifiés par les virologues.

Chapitre 3

SUR LES PLANTES GÉNÉTIQUEMENT MODIFIÉES ET LA SANTÉ

**Bénéfices et risques :
ce qui est possible, ce qui est probable**

OGM : quels bénéfices pour la santé ?

Si de nombreuses études ont traité des risques des OGM, peu ont évalué leurs éventuelles retombées positives sur la santé. L'Agence Française de Sécurité Sanitaire des Aliments a évalué les bénéfices pour la santé de 3 plantes génétiquement modifiées[1]. Son rapport encourage la poursuite du développement du Riz Doré. Cette variété produit dans l'albumen de la graine du béta-carotène, le précurseur de la vitamine A (ou rétinol) Des polémiques ont surgi sur la quantité, suffisante ou non, de béta-carotène que fournirait ce riz mais elles apparaissent aujourd'hui dépassées puisque des lignées à teneur augmentée ont été obtenues. La déficience en vitamine A n'existe pas dans les pays développés, à l'alimentation variée, mais elle représente un problème majeur de santé publique, reconnu par les organismes internationaux (OMS,

---

1. www.afssa.fr (voir rubrique Publications, puis Editions).

Unicef, etc.), là où le riz décortiqué forme l'aliment de base traditionnel. Malgré diverses et louables tentatives, cette carence n'a pu être éradiquée. Des suppléments médicamenteux permettent de pallier temporairement la déficience. Des succès géographiquement localisés ont été enregistrés (comme l'introduction d'huile de palme, riche en béta-carotène, au Burkina-Faso). La diversification alimentaire relève encore du vœu pieux, notamment pour les populations pauvres des grandes villes d'Asie du Sud. Le Riz Doré pourrait donc apporter une contribution dont l'importance se mesurera le moment venu; mais pas avant 2010, lorsque le processus réglementaire d'évaluation des risques le plus sévère (celui de l'Union européenne) sera achevé. L'enjeu est de taille: dans les pays touchés par l'avitaminose A, chaque année 5 millions d'enfants développent une affection de la vue, plus de 250 000 deviennent aveugles et une partie meurent des conséquences indirectes de la carence.

Le rapport de l'Afssa souligne aussi les avantages, principalement pour l'agriculteur et notamment dans les pays pauvres, de la réduction de l'emploi d'insecticides sur les plantes Bt. Une étude récente, en Chine, dans le cas du coton Bt, indique effectivement une réduction des problèmes de santé liés à l'usage des pesticides. Dans le cas spécifique du maïs Bt, l'Afssa identifie un avantage direct pour le consommateur: la réduction de la contamination de cette plante par les *mycotoxines*. Il s'agit de substances produites par divers champignons microscopiques, du genre *Aspergillus*, *Fusarium* ou *Penicillium*, susceptibles de contaminer les produits agricoles et responsables, pour certains d'entre eux, d'affections graves, dont des cancers. Dans des proportions variables, mais de manière cohérente, des études ont montré que les maïs Bt étaient moins contaminés par des mycotoxines. En effet, la protection contre les insectes réduit les blessures que ceux-ci occasionnent aux plantes, qui sont autant de portes d'entrée pour ces champignons. Il faut signaler que ces contaminations peuvent concerner d'autres produits et qu'elles représentent un défi pour l'agriculture biologique (qui ne peut les combattre par les fongicides de synthèse).

Toujours selon le rapport de l'Afssa, la betterave tolérant le glyphosate pourrait présenter un intérêt pour l'agriculteur et l'environnement (meilleur bilan toxicologique que celui des herbicides utilisés sur les betteraves conventionnelles.)

Pesticides et santé : le cas du glyphosate

On peut considérer, par bon sens, que tout pesticide est « dangereux », y compris les « naturels » puisque, comme les « synthétiques », ils relèvent de la (bio) chimie du carbone ! Plus scientifiquement, pour évaluer le risque, il faut définir le danger (caractériser la toxicité et la dose à laquelle elle est observée) et l'exposition au danger (les doses toxiques peuvent-elles être atteintes ?).

Nous examinerons ici le cas du glyphosate puisque son emploi s'accroît avec les plantes *Roundup-Ready*. Ses formulations commerciales, ou leurs divers constituants, ont fait l'objet d'un nombre considérable d'études. En laboratoire, ont été réalisées des expérimentations soit sur cellules (de bactéries, d'animaux, de l'Homme) *in vitro* ou *in vivo*, soit sur animaux. Précisons tout d'abord, à titre de comparaison, que le glyphosate se révèle moins toxique que le sel de cuisine dans des tests dits de *toxicologie aiguë* (dont nous reparlerons). La plupart des examens n'ont pas relevé d'effet délétère (pas d'effet cancérogène chez le rat, par exemple) ; quelques-uns ont rapporté des effets sur l'ADN, des inhibitions d'activités enzymatiques ou des perturbations de fonctions cellulaires. Cependant, lorsqu'effet il y a, les données apparaissent équivoques, soit parce que non confirmées dans les autres études, soit parce que les concentrations élevées requises ne semblent pas compatibles avec celles que l'on peut attendre d'une utilisation normale de l'herbicide. Ainsi, les considérations des rares auteurs affichant une volonté alarmiste – par exemple arguant d'observations, dans leur étude de laboratoire, d'un effet toxique à des concentrations inférieures à celles utilisées par l'agriculteur lors de l'épandage du *Roundup* – n'ont pas convaincu à l'heure actuelle les autres scientifiques. En effet, il ne semble pas que ces niveaux toxiques puissent être atteints *dans les cellules*. Cette dernière opinion s'appuie sur les données suivantes. Seule une fraction du glyphosate ingéré ou en contact avec la peau est absorbée. La solubilité du glyphosate dans l'eau permet son élimination par l'organisme, via l'urine, et limite sa bioaccumulation. Par ailleurs, les niveaux réels de contamination (à noter qu'ils augmentent en cas de non-port de gants!) ont été mesurés chez les agriculteurs utilisateurs: ils apparaissent largement inférieurs aux concentrations toxiques, malgré la manipulation de volumes importants de solutions concentrées.

Les études *épidémiologiques* représentent une autre approche : elles tentent d'établir un lien statistique entre utilisation (généralement répétée) de pesticides et problèmes de santé. Une étude américaine sur plus de 57 000 utilisateurs, publiée en 2005, n'a pas observé de lien entre emploi du glyphosate et cancers. Ce résultat rassurant inclut le *lymphome non-Hodg*kin pour lequel un risque plus élevé était suggéré dans d'autres études (utilisant une méthode peut-être moins fiable). L'étude mentionne cependant une augmentation des cas d'un cancer rare (mais ceux-ci étant par définition peu fréquents, l'examen d'un plus grand nombre de cas semble nécessaire avant de conclure). Un risque faiblement accru de fausse-couche apparaît dans une étude canadienne (2001) et leurs auteurs recommandent de poursuivre ces recherches.

Si, en vertu du principe de Paracelse (« c'est la dose qui fait le poison »), minimiser l'exposition directe aux herbicides à base de glyphosate (et aux autres pesticides) semble recommandable, les données publiées à ce jour indiquent cependant un risque limité pour les utilisateurs. En ce qui concerne les consommateurs, confrontés à des doses bien plus ténues, aucune donnée ne suggère une incidence sanitaire du glyphosate ou de son métabolite principal (l'AMPA). Ce dernier est présent dans notre environnement pour une tout autre raison : il se forme aussi par dégradation des détergents de type phosphonate.

La difficile prédiction des allergies

Les allergies constituent un vrai problème de santé publique. Les aliments les plus fréquemment en cause varient quelque peu suivant les pays et suivant l'âge. Citons, pour les enfants, l'arachide (cacahouète), le lait, les poissons ou fruits de mer, les noix, le blé, le soja. Les responsables (les *allergènes*) sont des protéines ; ils agissent comme agents de sensibilisation. Lors d'un contact ultérieur avec cet allergène (ou un allergène proche), la réaction allergénique se déclenchera. Il faut ajouter à ces sources purement alimentaires des protéines non-alimentaires (du latex par exemple) qui peuvent opérer comme les déclencheurs d'une sensibilisation. Celle-ci pourra également se manifester en présence d'aliments, notamment des fruits. Normalement, notre système immunitaire fonctionne de façon à ne s'en prendre ni à nos protéines, ni aux protéines alimentaires. L'allergie alimentaire résulte de l'échec de ces mécanismes de tolérance. Elle est définie médicalement de manière précise et ne doit pas être confondue avec des intolérances sans réaction immunitaire : ce que l'on appelle communément « allergie » n'en est donc pas une dans la plupart des cas. L'allergie est une réaction d'hypersensibilité dont les manifestations cliniques peuvent être diverses (urticaire, œdème, douleurs abdominales, asthme, etc.) et qui impliquent des *anticorps* de type *immunoglobuline* E (IgE) ou, dans certains cas où la réaction est moins rapide, d'autres mécanismes immunitaires. Ces anticorps « reconnaissent » la protéine en question (ils s'y fixent). Cette reconnaissance, par une cascade d'événements complexes impliquant des globules blancs et d'autres médiateurs, déclenche les symptômes cliniques.

En quoi la question complexe des allergies alimentaires concerne-t-elle les plantes génétiquement modifiées ? En 1996, le caractère allergénique d'une variété de soja a été examiné. Il s'agissait d'un soja transformé par un gène codant une protéine dénommée albumine 2S et naturellement présente dans la noix du Brésil. Cette noix est responsable d'allergies chez certains consommateurs. Des sérums de patients allergiques à cette noix ont servi à tester ce soja : il s'est avéré que des anticorps de ce sérum reconnaissent l'albumine 2S de la plante transgénique. Le caractère allergénique de la noix est donc porté (peut-être avec d'autres allergènes) par cette protéine, qui a transféré cette propriété à ce soja. De ce fait, ce dernier n'a jamais été commercialisé.

La probabilité qu'une protéine soit effectivement un allergène semble en fait faible. Dans le cas de l'albumine 2S, le risque était particulièrement élevé car la source était reconnue allergénique et il s'agissait d'une protéine abondante : en effet, les allergènes représentent généralement plus de 1 % de l'ensemble des protéines présentes (et quelques fois jusqu'à 80 %). Ces conditions-là ne sont pas réunies pour les autres protéines présentes dans les plantes génétiquement modifiées actuelles (teneur généralement inférieure à 0,1 %, voire 0,01 %, pour la protéine ; les sources ne sont pas réputées allergéniques). Cependant, le développement d'une autre variété transgénique (de pois) a été abandonné en 2005 car une réaction immunologique a été constatée chez des souris.

Évaluer cas par cas le risque allergénique paraît donc nécessaire et, pour ce faire, l'une des deux pistes suivantes est suivie. Si le transgène provient d'un organisme allergénique, il existe par définition des patients et des anticorps produits par ces patients. La question peut ainsi être examinée grâce aux collections de sérums de personnes allergiques, ou encore par des tests cutanés : il s'agit de vérifier si des anticorps IgE des patients reconnaissent une protéine de la plante transgénique. Si l'organisme source n'est pas réputé allergénique, une autre procédure s'impose ; mais aucune de ses différentes étapes successives ne fournit, à elle seule, une prédiction absolue. Cependant, un résultat positif à une étape entraîne la non-autorisation de la variété. Le premier examen a recours à des logiciels et des données informatiques pour comparer la structure de la protéine à celle d'autres protéines, reconnues allergisantes. Un autre examen mesure la survie de la protéine à la digestion par des enzymes gastriques. En effet, une protéine rapidement digérée a moins de chances de provoquer une réaction allergénique. L'utilisation d'animaux, afin d'examiner si des IgE contre cette protéine sont produites ou non, apparaît aussi dans certaines recommandations internationales (FAO/OMS, 2001). Des progrès ont été enregistrés quant à la possibilité d'utiliser l'un ou l'autre modèle animal (souris, rat, etc.), mais aucune méthode ne semble reconnue à ce jour. À la fin du processus d'évaluation, le risque allergénique s'exprime selon une probabilité : faible, moyenne ou forte (la variété ne sera pas autorisée dans les 2 derniers cas). Les avis divergent sur sa fiabilité : certains considèrent que l'évaluation a fait ses preuves (à leur appui : aucune allergie due aux plantes transgéniques autorisées n'a été constatée à ce jour) ; d'autres insistent sur la nécessité d'un suivi (l'*allergovigilance*) permettant de retirer du marché une plante qui s'avérerait responsable d'allergies non-prédites par l'évaluation. Notons qu'en France, par exemple, un réseau regroupant des médecins référents a été mis en place, avec pour objectif de signaler l'apparition de nouvelles sources d'allergènes alimentaires[1].

Nous ne détaillerons pas ici certaines allégations de réactions allergéniques engendrées par des plantes transgéniques, comme celles de villageois près d'un champ de maïs aux Philippines, car celles-ci ne s'appuient pas sur des bases scientifiques validées. Examinons simplement les affirma-

---

1. www.afssa.fr (voir rubrique Publications, puis Editions).

tions selon lesquelles la papaye transgénique résistant à un virus contiendrait un allergène. Il s'agit en fait d'une publication de 2002, de chercheurs néerlandais, proposant une nouvelle méthode informatique, non validée, pour prédire le caractère allergénique d'une protéine. Selon cette méthode, parmi les 33 protéines nouvelles de diverses plantes transgéniques, 3 ne seraient pas exonérées, dont la protéine de la papaye. Les auteurs ne concluent pas à l'allergénicité : les protéines testées positives par leur méthode nécessitent, selon eux, d'autres tests cliniques. Il semble vraisemblable, considérant le mode de consommation directe de la papaye, que son caractère allergène eût été identifié par les consommateurs, si tel était le cas.

Arrêtons nous plutôt sur un cas de portée plus large, celui du maïs *Starlink*, développé par Aventis Crop Science pour résister à la pyrale grâce à un gène cry9c. Cette variété avait obtenu, aux États-Unis, une autorisation restreinte à un emploi en nourriture animale (et non humaine). La raison : une « *probabilité moyenne* » que la protéine cry9c soit un allergène. Cela reposait, dans la procédure d'évaluation évoquée ci-dessus, principalement sur une digestion plus lente de la protéine et, dans une moindre mesure, sur une réaction immunologique chez un animal, le rat de race *Brown Norway* (la fiabilité de ce test pour prédire une allergie humaine n'est pas reconnue par toutes les instances d'évaluation). Pour des raisons non-précisées (vraisemblablement une mauvaise séparation des cultures), des traces de ce maïs furent détectées dans des produits d'alimentation humaine, en septembre et octobre 2000, donnant ainsi lieu au retrait du marché des aliments concernés (tacos, soupes à base de maïs). A la suite des comptes-rendus de la presse, les plaintes d'une cinquantaine de personnes, s'affirmant victimes de réactions allergéniques après consommation de produits à base de maïs, furent enregistrées et examinées par le *Center for Disease Control and Prevention*. Ce service diagnostiqua une allergie alimentaire réelle dans 28 cas. Parmi ceux-ci, 17 patients acceptèrent de fournir leur sang, mais aucun des sérums ne se révéla contenir des anticorps contre la protéine cry9c. Un comité scientifique *ad hoc* a relativisé ces conclusions car la protéine cry9c utilisée dans ces tests avait été produite dans des bactéries, et non extraite de maïs (quelques différences existeraient, sans que l'on sache si cela influe sur la reconnaissance de la protéine par l'anticorps). Un autre point semble cependant rendre peu probable la responsabilité du maïs *Starlink* dans les allergies constatées : une corrélation entre l'affection et la présence de ce maïs dans la nourriture consommée n'a pas été constatée. En effet, lorsque les plaignants avaient conservé l'aliment incriminé, la protéine cry9c ne fut pas détectée dans 9 cas sur les 10 testés (un test fut jugé non-concluant). Un « test ADN » a confirmé que les repas consommés ne contenaient pas de quantités détectables de maïs *Starlink*. Un patient qui, en avril 2001, a de nouveau souffert d'une réaction allergénique, à la suite de la consommation de produits à base de maïs, a accepté de subir en milieu hospitalier un test scientifique rigoureux, dit en *double-aveugle*. Ainsi lui furent administrés successivement un maïs du commerce, du maïs *Starlink* et un maïs certifié sans présence de *Starlink* (placebo), sans que le patient et le personnel hospitalier ne sachent quel échantillon correspond à un type de maïs. Le patient ne développa aucune réaction allergénique, contre aucun des maïs. Le maïs *Starlink* n'est plus commercialisé et les autorités américaines s'efforcent d'en éliminer progressivement toute trace des stocks de semences. L'une des leçons tirées de cet épisode : à l'avenir, seules seront autorisées les variétés ayant reçu un agrément à la fois pour la nourriture animale et pour la nourriture humaine.

Les personnes souffrant déjà d'allergie ont-elles à craindre des réactions croisées avec les aliments issus de plantes transgéniques ? Apparemment non, selon les études publiées à ce jour dans le cas de maïs ou de soja (les patients testés n'ont pas réagi aux protéines nouvelles des variétés testées). En ce qui concerne les protéines Bt/cry, l'historique de confrontation (depuis plus de 30 ans) à ces protéines sous la forme du biopesticide *Bacillus thuringiensis* ne fournit pas de motif d'inquiétude. On peut noter, tout au plus, qu'une étude aux États-Unis a montré que des travailleurs en contact avec des préparations de cette bactérie présentaient des anticorps réagissant contre elles, sans développer apparemment une réelle allergie. Cependant, il s'agit là de la seule réaction d'ordre immunitaire observée et, chez la plupart des individus concernés, elle ne semble pas due aux protéines cry elles-mêmes.

Une autre facette du dossier des biotechnologies et des allergies mérite mention. La seule thérapie efficace contre les allergies alimentaires est la non-consommation des allergènes, ce qui s'avère excessivement contraignant. Le développement de variétés de plantes hypo-allergéniques semble réalisable par inactivation du gène codant la protéine allergène, soit par des méthodes « conventionnelles » de mutagenèse, soit par la transgenèse. Dans ce dernier cas, cela a été réalisé chez le blé, la pomme, le ray-grass et le soja. Mais il reste à valider cliniquement les résultats.

La toxicité des protéines

Quoique la plupart des protéines soient inoffensives, certaines présentent une forte toxicité ; c'est le cas de la ricine par exemple. La sécurité sanitaire des protéines nouvelles présentes dans les OGM est examinée par des tests toxicologiques dans le cadre de l'évaluation des risques avant autorisation de mise sur le marché. Prenons l'exemple de l'hybride entre les maïs Mon810 et Mon863, qui contient 3 protéines nouvelles : cry1Ab, cry3Bb1 et la protéine conférant la résistance à la kanamycine dont nous reparlerons (cette dernière étant présente en faibles quantités dans la plante et sous le seuil de détection dans la graine). Pour les 3 protéines, les tests de *toxicologie aiguë* (c'est-à-dire les effets qui s'observent rapidement) ont consisté à administrer oralement à un lot de 10 souris mâles et 10 souris femelles, 2 fois (à 4 heures d'intervalle), une quantité donnée de la protéine. Trois doses différentes ont été administrées, chacune sur un lot de souris ; le maximum étant en moyenne 4 milligrammes de protéine par gramme de corps. La pertinence de la comparaison est limitée mais cela correspond pour cry3Bb1 (la plus abondante dans la plante parmi les 3) à une consommation 3 000 fois supérieure à celle estimée pour une vache laitière par exemple. Le comportement des souris, leur poids, ont été suivis pendant une dizaine de jours, puis les animaux ont été autopsiés. Aucune anomalie n'a été constatée.

Une critique peut être émise sur ces méthodes : il n'est pas possible d'isoler suffisamment de la protéine en question à partir de la plante, aussi est-elle purifiée de bactéries génétiquement modifiées pour la produire. Il s'avère ainsi nécessaire de vérifier que la protéine de bactérie ne diffère pas de celle de plante. Cela n'est pas toujours le cas, comme mentionné ci-dessus pour la protéine cry9c. La même critique concerne la comparaison avec les protéines naturellement présentes chez *Bacillus thuringiensis* : la protéine cry1Ab de Mon810 est ainsi plus courte que son équivalent naturel. Il faut cependant garder en mémoire que les 2 formes de la protéine subissent une digestion par les sucs gastriques lorsqu'elles sont ingérées : leur taille initiale n'a donc qu'une importance limitée. Quoi qu'il en soit, de nombreuses personnes ont été confrontées à cette bactérie : elle a été retrouvée dans les eaux potables et même dans les fosses nasales de personnes vivant dans les zones traitées par ce biopesticide, sans qu'aucune toxicité n'ait été relevée. Pour mémoire, notons cependant une publication, d'un groupe égyptien, faisant état de différences, observables en microscopie, au niveau des cellules intestinales de souris nourries pendant 14 jours de pommes de terre conventionnelles avec adjonction de la protéine cry1Ab isolée de *B. thuringiensis* ou d'une variété transgénique contenant la même protéine. Cette mise en cause de la protéine cry1Ab – qui concernerait aussi son utilisation en lutte biologique – n'a pas reçu de confirmation depuis sa parution en 1999. Il est ainsi largement admis que les toxines de B. *thuringiensis* ne posent pas de problème sanitaire pour l'Homme.

Quand l'ADN se déplace : risque ou banalité ?

Les gènes de résistance aux antibiotiques

Les antibiotiques sont, à l'origine, des substances naturelles produites par certains micro-organismes pour s'opposer à d'autres, en compétition avec eux dans un milieu aux ressources souvent limitées. Ce terme recouvre aujourd'hui des substances à visées thérapeutiques synthétisées soit en « améliorant » les molécules naturelles, soit en en créant de nouvelles. Dans la nature, certains micro-organismes, cibles des antibiotiques, ont développé des gènes de résistance codant pour des enzymes qui vont inactiver ou détruire l'antibiotique. Ces gènes se trouvent souvent sur des segments d'ADN relativement mobiles d'une bactérie à l'autre (c'est le cas de certains *plasmides*, un terme déjà évoqué page 19 mais il ne s'agit pas ici de plasmide Ti). En acquérant un tel plasmide, une bactérie pathogène peut devenir résistante à un ou plusieurs antibiotiques. D'autres mécanismes d'acquisition de résistance s'y rajoutent. Tous sont favorisés par la *pression sélective* que constitue l'utilisation d'un antibiotique.

Les antibiotiques, notamment la kanamycine, permettent de sélectionner à un stade précoce du processus de la transgenèse les cellules, peu nombreuses à l'origine, qui ont acquis un transgène. Ce dernier sera accompagné, pour réaliser cette sélection, d'un gène de résistance qui va mener à l'inactivation de l'antibiotique dans les cellules transgéniques. En revanche, l'antibiotique empêchera la multiplication des cellules non-transgéniques, dépourvues du gène de résistance.

Toutes les plantes transgéniques ne contiennent pas un tel gène : le gène de sélection a pu être éliminé dans certains cas ; chez les plantes herbicide-tolérantes, la sélection peut être assurée par l'herbicide lui-même. D'autres méthodes de sélection deviendront opérationnelles dans le futur.

Avant l'étape de transgenèse végétale proprement dite, il est nécessaire de multiplier l'ADN utilisé. Il s'agit là d'un processus habituel en biologie moléculaire et réalisé par des bactéries. On incorpore, dans ce but, cet ADN à un plasmide. Ce dernier porte, lui aussi, un gène de résistance à un antibiotique pour permettre la sélection des bactéries : l'ampicilline, plus rarement la streptomycine ou la spectinomycine, sont utilisées. En présence de l'antibiotique, seules survivront les bactéries possédant le gène de résistance (et donc aussi l'ADN ultérieurement utilisé pour la transgenèse végétale). Ce gène de résistance n'a lui aucune utilité pour la sélection des plantes, et peut être omis pour cette étape, mais cela n'a pas été le cas dans certaines variétés plus anciennes.

Le tableau 4 compile les principales variétés de plantes transgéniques commercialisées qui ont intégré un tel gène.

Quels sont ici les risques potentiels ? Il n'y a, bien sûr, plus d'antibiotique présent dans la plante. Les risques sont donc liés à la consommation humaine et animale d'antibiotiques (qui sélectionne les bactéries pathogènes résistantes) et à un éventuel transfert de gènes de résistance des plantes vers des bactéries. Il faut ainsi examiner l'usage thérapeutique de l'antibiotique en question (est-il très utilisé ?) et les possibilités de transfert (sont-ils fréquents ?) qui doivent être mis en perspective avec les résistances déjà existantes.

Le gène de résistance à la kanamycine opère également contre la néomycine. Ces 2 antibiotiques sont encore en usage – limité car ils ont été largement remplacés par d'autres antibiotiques, montrant moins d'effets secondaires ou plus efficaces. La résistance contre ces antibiotiques existe déjà chez des bactéries du sol ou de la flore intestinale. L'ampicilline, de la famille des pénicillines, a également vu son utilisation réduite au profit d'autres molécules non-inactivées par des résistances déjà fortement présentes dans les flores bactériennes. La streptomycine et la spectinomycine sont toutes deux inactivées par un autre gène de résistance. Là aussi, les bactéries résistantes apparaissent relativement communes.

Tableau 4. **Présence de gènes de résistance à des antibiotiques dans certaines variétés de plantes transgéniques.**

PLANTES/ VARIÉTES	CARACTÈRES agricoles	Résistance à l'ANTIBIOTIQUE
Colza		
GT73	tolér. glyphosate	-
HCN10	tolér. glufosinate	-
HCN92	tolér. glufosinate	kanamycine
OXY-325	tolér. oxynil	-
Coton		
Bollgard Bollgard II Roundup-Ready	résist. insectes résist. insectes tolér. glyphosate	kanamamycine + streptomycine / spectinomycine
WideStrike	résist. insectes	-
Maïs		
GA21 ou NK603	tolér. glyphosate	-
Bt11	résist. pyrale	-
Bt176	résist. pyrale	ampicilline
Mon810	résist. pyrale	-
Mon863	résist. chrysomèle	kanamycine
Papaye	résist. virus	kanamycine
Soja	tolér. glyphosate	-

En résumé, les gènes de résistance présents dans certaines plantes transgéniques confèrent une résistance à des antibiotiques d'anciennes générations, dont certains conservent une utilité thérapeutique, mais contre lesquels des résistances existent déjà largement chez les bactéries. De plus, les bactéries échangent aisément des gènes entre elles. Ces plantes sont-elles, néanmoins, une source supplémentaire significative de transfert de ces gènes vers des bactéries ?

Les possibilités de transferts de gènes vers les bactéries

Ces transferts, dits horizontaux (voir figure 3, page 70), sont définis comme le passage d'un gène entre espèces non-interfertiles, y compris entre *Règnes* différents. Il faut mentionner que le transfert d'ADN étranger dans des bactéries représente une technique usuelle de biologie moléculaire. Les étapes nécessaires, bien caractérisées en laboratoire, sont-elles réunies pour les bactéries dans la nature ?

Le transfert dans des bactéries, de manière stable, de fragments d'ADN de plante relâchés dans le sol apparaît limité à plusieurs niveaux : la dégradation de l'ADN ou son adsorption sur des particules du sol, l'état de compétence naturelle des bactéries à capter de l'ADN et les mécanismes de coupures d'un ADN étranger dans les bactéries, la capacité de cet ADN à se répliquer dans la bactérie ou à s'intégrer dans l'ADN bactérien, et enfin la pression sélective s'exerçant sur la bactérie pour conserver un gène étranger.

La plus grande partie de l'ADN végétal est dégradée dans les résidus de plante, mais une partie peut persister dans le sol pendant un temps variable. Cependant, aucune étude n'a pu montrer le transfert stable d'un ADN de plante vers un micro-organisme du sol en conditions naturelles, même en utilisant des bactéries du genre *Acinetobacter* (connues pour leur forte capacité à capter de l'ADN) ou encore du genre *Ralstonia* (parasite qui vit en contact étroit avec la plante).

Seuls des cas d'école, en laboratoire, réunissant une conjoncture favorable y sont arrivés.

D'autres expériences ont examiné le cas de bactéries de la salive et du tube digestif. La plus grande partie de l'ADN présent dans les aliments est digérée, mais des produits de digestion partielle peuvent subsister jusque dans l'intestin. Aucune démonstration de transfert d'un tel ADN vers une bactérie n'a été apportée en conditions réelles. Seuls des transferts en laboratoire ont été montrés, lorsque toutes les conditions requises étaient réunies, mais cela n'est guère étonnant. Il faut cependant citer une étude, publiée en 2004 par des équipes britanniques, qui a sollicité des patients humains ayant subi une ablation partielle de l'intestin (celle de l'iléon). Chez ces volontaires, après ingestion d'un repas contenant du soja transgénique, la survie de l'ADN, après passage dans l'intestin, a été étudiée: elle s'avère plus importante chez ces patients que chez des volontaires à l'iléon intact. Mais la digestion ne diffère pas entre fragments de transgène et d'ADN de soja: l'ADN reste de l'ADN, qu'il soit passé ou non par une étape de transgenèse! Des bactéries ont été prélevées chez ces patients, avant et après le repas, et cultivées *in vitro* (pour les multiplier): une trace correspondant à un fragment du transgène a été identifiée. Les auteurs en concluent que cet ADN était présent avant le repas, mais n'a pas été capté pendant celui-ci. Tout cela reste mystérieux car il ne leur a pas été possible d'isoler la bactérie qui aurait capté cet ADN. Faut-il voir là une autre « alerte »? Les auteurs du travail concluent par la négative: « Il est hautement improbable que le transfert de gène [...] présente un risque pour la santé humaine ».

Il faut noter que l'élucidation du patrimoine génétique (séquençage de génomes) de nombreuses bactéries et d'organismes supérieurs permet de repérer les gènes pouvant résulter d'un transfert horizontal de gène (il s'agirait par exemple d'un gène de bactérie possédant une ressemblance inhabituelle avec un gène de plante). Le pourcentage d'ADN d'origine étrangère atteint 12,8 % pour la bactérie intestinale *Escherichia coli*, selon certains auteurs. D'autres l'estiment à 7,6 %, soit 325 gènes. La contribution à ce phénomène des gènes provenant de plantes semble limitée à 2 gènes pour cette même bactérie, et culmine à 14 (sur 723 gènes transférés) chez *Pseudomonas aeruginosa*. En résumé, le transfert horizontal de gènes vers les bactéries a bien permis de changer leurs caractères écologiques et pathogéniques, mais à l'échelle de l'évolution des espèces (qui s'exprime en millions d'années).

En ce qui concerne les plantes transgéniques actuelles, seuls les gènes de résistance aux antibiotiques, présents dans certaines d'entre elles, semblent porter un caractère de sélection potentielle, susceptible de favoriser leur transfert chez des bactéries. L'avis largement répandu chez les experts est que ce risque est négligeable par rapport à la sélection de résistances engendrée par l'usage des antibiotiques en thérapie humaine et en élevage agricole.

Le devenir chez l'Homme de l'ADN alimentaire

Pouvons-nous intégrer dans notre information génétique l'ADN présent dans notre alimentation ? L'espèce humaine consomme de l'ADN (de céréales par exemple) depuis des millénaires. Les premières analyses du génome humain avaient suggéré de possibles événements de transfert de gènes de bactéries vers l'Homme, mais cette interprétation a depuis été réfutée. Aucun fragment d'ADN, de céréales ou d'autres aliments, n'a été identifié dans le génome humain. Aucune donnée scientifique n'indique que l'ADN des aliments issus de plantes transgéniques aurait des propriétés différentes de ce point de vue. Il faut aussi mentionner que, pour le maïs, l'ADN transgénique ne représente que 0,0001 % de l'ADN total.

Examinons tout de même le devenir de l'ADN qui ne serait pas digéré dans l'intestin. Nous ne détaillerons pas des expériences, sans grande signification physiologique, qui ont consisté à faire ingérer à des souris des doses importantes d'ADN, voire à l'injecter par voie musculaire. Ces expériences suggèrent néanmoins que, en cas de digestion intestinale incomplète, des mécanismes supplétifs d'élimination de l'ADN existent. Cela est d'ailleurs aussi le cas pour les produits de digestion partielle d'autres nutriments, comme les protéines. Retenons cependant une expérience du laboratoire de Walter Doerfler, à Cologne, l'un des pionniers dans ce domaine : elle a consisté à nourrir des souris avec un ADN étranger pendant 8 générations ! Aucune indication d'un transfert de cet ADN dans des cellules de souris n'a été obtenue. Après ingestion de soja par des souris, des fragments d'ADN ont été retrouvés, par une méthode de détection extrêmement sensible, dans la rate et le foie : il semble que les rares produits de digestion partielle de l'ADN alimentaire absorbés par la paroi intestinale, circulent dans le sang vers la rate (où une autre partie sera digérée) ou le foie (d'où ils transitent vers la bile et reviennent ainsi dans l'intestin). D'autres études (utilisant des porcs) confirment ces informations : le processus d'élimination de l'ADN alimentaire comportent différents niveaux ; l'ADN, quelle que soit sa source (transgénique ou non), est éliminé de la même manière. Il faut également mentionner que l'ADN du fœtus peut être détecté dans le sang de la mère. La présence d'ADN « étranger » n'est donc pas inhabituelle chez les mammifères.

Insertions de gène, phénomènes courants chez les plantes

La recherche fondamentale utilise également la transgenèse pour inactiver des gènes, afin d'identifier leur rôle (en observant la disparition d'un caractère). Dans le cas d'une plante de culture, il n'apparaît donc pas inconcevable que l'insertion inopinée du transgène dans un autre gène produise des modifications indésirables dans la plante. Imaginons que le lieu d'insertion soit un gène A qui modère l'expression d'un gène B, lui-même responsable de la synthèse par la plante d'une substance toxique: l'inactivation d'A conduirait donc à l'expression accrue de B et à l'accumulation du poison. Remarquons tout d'abord que toute inactivation du gène A, par exemple par une mutation naturelle, produirait le même effet. Celles-ci sont rares, mais se produisent inévitablement si l'on considère le grand nombre de graines produites (mais leur propagation lors de la multiplication de semences certifiées semble improbable). Il faut aussi souligner que, en raison de la longueur des molécules d'ADN d'une cellule, l'insertion d'un transgène dans un gène donné est statistiquement un événement rare: pour l'obtenir en laboratoire, il faudrait transformer des dizaines de milliers de plantes! D'autres événements hypothétiques pourraient découler indirectement de l'insertion du transgène (car la biologie est plus complexe que la vision simple: un gène, une protéine, un caractère): nous ne les détaillerons pas. Mais cela explique que l'un des buts de l'évaluation des risques, avant autorisation de mise sur le marché d'une plante génétiquement modifiée, soit d'examiner si celle-ci présente des différences non-intentionnelles par rapport à la plante parentale. Pour mieux situer cette possibilité dans un contexte général, examinons si, transgenèse mise à part, les transferts de gènes dans les chromosomes de plantes se produisent fréquemment ou non.

Une cellule de plante est le résultat d'une symbiose ancienne dans l'Évolution entre une cellule-hôte et au moins 2 bactéries ayant chacune formé un *organite* spécialisé (des compartiments de la cellule nommés mitochondrie et chloroplaste). Ces deux organites conservent un génome propre, formé de copies multiples, mais réduit à une centaine de gènes différents; la plupart des gènes originaux ayant été transférés, à l'échelle de l'Évolution, de ces organites vers le noyau de la cellule. Les cellules de plante constituent ainsi le produit d'une *symbiose* (où l'un des partenaires bactériens, devenu chloroplaste, a apporté la capacité appréciable de capter l'énergie lumineuse!). Une plante est donc une plante grâce à des transferts de gènes! Environ 18 % des gènes végétaux apparaissent originaires de ces bactéries. Des données récentes suggèrent que des copies de gènes, en provenance de ces organites – des anciennes bactéries donc – s'insèrent encore aujourd'hui dans les chromosomes de plantes, pour y être éliminées progressivement, de manière plus ou moins complète. Dans le cas du riz, un groupe japonais a calculé que, dans un champ d'un hectare, existeraient des centaines de grains qui viennent d'acquérir un gène par transfert du chloroplaste. L'ADN de plante ne s'avère donc pas exempt d'insertions impromptues! Les gènes forment, certes, une « symphonie harmonieuse », mais que l'ajout d'une « note » – d'ADN – doive inévitablement engendrer des « dissonances » ne semble pas conforme aux observations, du moins chez les plantes. À la liste des mouvements d'ADN, il faut également ajouter ceux des *transposons*. Ces « gènes-sauteurs » ont la particularité de se mouvoir de leur emplacement initial sur un chromosome et de s'insérer en un autre. Barbara McClintock (prix Nobel en 1983) les découvrit chez le maïs où leurs « sauts « peuvent donner lieu à des grains bigarrés. Ces éléments génétiques mobiles forment 58 % de l'ADN du maïs et jusqu'à 80 % de celui de l'orge. Il a été montré qu'ils ont contribué à l'évolution du génome du riz, par exemple. Leurs mouvements restent, il est vrai, sporadiques; mais, favorisés par certains stress (attaques de pathogènes, blessures, cultures *in vitro*), ils sont susceptibles de générer des changements sur les chromosomes, détectables sur une échelle de temps courte (vie humaine). L'ADN n'est manifestement pas immuable mais relativement *fluide*!

Évaluer les risques, jusqu'où aller ?

L'évaluation de la sécurité sanitaire des OGM

Préalable à l'autorisation de mise sur le marché, cette évaluation reprend des recommandations d'organismes internationaux (OCDE, FAO, OMS, etc.) et s'appuie sur des procédures scientifiquement reconnues. Pour les raisons discutées ci-dessus, il est aujourd'hui admis que les éléments d'information suivants doivent être examinés : l'ADN inséré, le lieu d'insertion, le potentiel allergénique ou toxique de la protéine nouvelle, les possibilités de transfert de gènes vers d'autres organismes. De plus, le processus intègre le concept de *substantial equivalence* que l'on pourrait traduire par équivalence élevée – en composition et valeur nutritionnelle – de la variété transgénique par rapport à la (ou les) variété(s) non-transgénique(s) représentant la référence la plus pertinente. Il faut garder en mémoire que ces teneurs en substances biochimiques ou minérales varient généralement dans une certaine fourchette. Il s'agit d'une approche comparative, où l'on cherche des différences significatives par rapport à la référence considérée comme saine (car faisant partie des plantes « conventionnelles », déjà communément consommées). Ce concept d'équivalence « en substance » (dans tous les sens du terme !) représente, en fait, un point de départ qui identifie les différences éventuelles (la présence d'une protéine nouvelle apparaît la plus évidente) pour les évaluer plus en détail. À titre d'exemple, le tableau 5 résume les substances pour lesquelles une équivalence a été démontrée dans le cas du maïs Mon863.

Des anti-nutriments (qui empêchent la bonne assimilation de nutriments) ou des substances toxiques peuvent être présentes dans l'espèce considérée. Les alcaloïdes neurotoxiques, naturellement présents en quantités importantes dans le tubercule de pomme de terre, fournissent l'exemple le plus remarquable. Dans un passé récent, des teneurs excessives en alcaloïdes ont été identifiées dans 3 variétés, au moins, de pomme de terre (prêtes à être, ou déjà, commercialisées) issues d'une sélection conventionnelle (sans transgenèse). Une variété nouvelle peut donc s'avérer toxique, mais les cas connus semblent limités à certaines espèces plutôt qu'à une méthode donnée d'obtention de variétés nouvelles.

Tableau 5. **Analyse compositionnelle du maïs Mon863.**

Nutriments :	protéines brutes, acides aminés, graisses brutes, acides gras
Minéraux :	calcium, cuivre, fer, magnésium, manganèse, phosphore, potassium, sodium, zinc
Insolubles :	fibres, cendres, autres résidus
Métabolites secondaires :	acide férulique, inositol, raffinose, acide coumarique
Anti-nutriments :	phytate, facteurs anti-trypsiques
Humidité	teneur en eau

De possibles améliorations futures, pour détecter des changements de composition de manière plus globale, sont proposées par certains. En effet, à l'instar de la génomique (évoquée page 6) des disciplines nouvelles, *transcriptomique*, *protéomique* et *métabolomique*, réalisent des avancées fulgurantes, respectivement dans l'étude de l'expression de tous les gènes, de la présence de toutes les protéines et de tous les métabolites (ou le plus possible). Il serait tentant d'y voir des méthodes absolues (comment une plante pourrait-elle être toxique lorsque sa composition apparaît strictement identique à son parent ?). Cependant, ces méthodes ne sont encore qu'expérimentales. Elles se heurteront à des difficultés : si des différences apparaissent, comment les interpréter? Et elles existent, on le sait déjà, entre différentes variétés conventionnelles. L'analyse des protéines de tubercules de pomme de terre a révélé des différences quantitatives chez 1 077 protéines sur 1 111 entre variétés conventionnelles, mais seulement 9 sur 730 en comparant des transgéniques à leur parent. Des résultats relativement similaires (plus de différences entre variétés conventionnelles différentes qu'entre un transgénique et son parent) ont été obtenus pour les métabolites (dans le cas de variétés où l'on ne cherchait pas à modifier délibérément la composition des plantes, bien sûr). De plus, de manière générale, la teneur en de nombreuses substances fluctue (pour une variété) suivant l'âge des plantes, les conditions environnementales, etc.

L'étape suivante de l'évaluation de la sécurité alimentaire d'une plante génétiquement modifiée fait appel à des tests sur animaux. Des méthodes adaptées de celles utilisées pour tester la qualité nutritionnelle des aliments pour bétail ont largement été pratiquées. Elles consistent à chercher des différences significatives entre un lot de bovins, ou de cochons, ou de moutons, etc., nourri par un aliment transgénique et un lot nourri par son « équivalent » conventionnel. Les paramètres examinés sont ceux réputés affectés par une mauvaise qualité alimentaire : pendant la phase d'alimentation, de durée variable suivant les cas, les animaux sont comparés quant à leur prise de poids, leur production de lait (sa qualité), etc. ; à la fin les animaux peuvent être comparés quant au poids et composition de leurs organes, etc. Il pourrait sembler logique d'utiliser ces animaux de ferme (ils consomment la plus grande partie des plantes transgéniques) pour l'évaluation réglementaire, mais leur utilité n'est pas scientifiquement reconnue, du moins pour les variétés transgéniques actuelles. En effet, parmi la centaine d'études publiées, aucune n'a rapporté d'effet négatif de la nourriture dérivée de plantes transgéniques sur la santé des animaux. Quelques différences mineures ont bien été observées pour un paramètre dans certaines études (6 en défaveur de l'aliment transgénique et 10 en sa faveur), par exemple dans des teneurs en graisse de certains organes ou dans la quantité de nourriture absorbée par jour ; mais les spécialistes ne les jugent pas concluantes en termes de sécurité sanitaire ou de qualité nutritionnelle, car liées à des facteurs « externes » : par exemple les 2 types d'aliments peuvent ne pas être rigoureusement équivalents (s'ils ne sont pas récoltés au même lieu). Certaines études, montrant un avantage pour la nourriture transgénique, ont conclu à l'effet d'une moins grande contamination par les mycotoxiques (évoquées page 95).

Les évaluations réglementaires utilisent, elles, des études toxicologiques sur animaux de laboratoire, qui sont aujourd'hui systématiquement demandées en Europe (voir les avis rendus en France par l'Afssa ou la CGB, Commission du génie biomoléculaire[1]). Selon la terminologie en vigueur, il s'agit soit d'études de *toxicité subchronique* sur des rats (nourris pendant 90 jours), soit d'*alimentarité* chez des poulets en croissance (nourris pendant 42 jours). Chez les rats, les performances de croissance, la quantité d'aliment ingéré et les paramètres sanguins et urinaires sont mesurés au cours de l'étude ; au moment du sacrifice des animaux, des examens des organes sont pratiqués (poids, observations au microscope). Chez le poulet, les performances de croissance, le poids et la composition des muscles sont analysés. Ces études reposent sur l'idée suivante : si un aliment présente une « anomalie » qui ne se manifeste pas par des symptômes immédiats, mais affecte la santé à long terme, la meilleure façon de la mettre en évidence repose sur l'utilisation d'animaux en croissance (les poulets passent d'environ 35 g à plus de 2 kg en 42 jours). Les durées des expériences sont donc conditionnées par le temps de croissance : aucun résultat pertinent n'est

---

1. www.ogm.gouv.fr/mise_marche/avis_scientifiques/avis_scientifique.htm

attendu pour des durées plus longues. En effet, les résultats de ces études subchroniques présentent des variations, inévitables avec le vivant, et celles-ci ne peuvent qu'augmenter en fonction du temps. De plus, si ces expériences ressemblent à celles pratiquées dans le cas de pesticides ou de médicaments, un aliment ne peut être évalué comme une substance individuelle. Celle-ci peut être administrée à fortes doses (supérieures à celle d'un usage normal) dans le cadre d'une alimentation équilibrée, alors que la plante est elle-même un aliment (non-équilibré dans la plupart des cas) et devra être fournie en quantité raisonnable (de 10 à 30 % environ de la nourriture totale).

Polémiques autour de l'évaluation de la sécurité sanitaire

Les agences d'évaluation, nationales ou européennes, sont régulièrement confrontées aux organisations opposées aux OGM. Ainsi celles-ci pointent-elles du doigt une teneur plus élevée en glucosinolates de la lignée de colza transgénique GT73, mais qui, selon l'avis de l'Afssa du 7 mars 2003, « contient légèrement plus de glucosinolates que la variété de référence [mais] cette valeur reste cependant à l'intérieur des concentrations observées dans la variété et inférieure aux limites légalement admises ». De plus, une première série de tests sub-chroniques sur animaux (rat, truite, caille) nourris de ce colza n'avait pas mis en évidence de différences avec les animaux témoins. Cependant, dans une deuxième étude, une hypertrophie hépatique et rénale fut observée chez des rats, mais pas dans une troisième, ni dans les études sur animaux de ferme (qui avaient pourtant ingéré un pourcentage de colza plus élevé dans leur nourriture). Les critiques des opposants aux OGM trouvent ici argument dans le fait que les différentes études ne furent pas strictement identiques (pourcentage de colza dans l'alimentation, variétés témoins). Toutefois, les agences d'évaluation (Afssa, ou européenne :

l'Efsa) ont validé scientifiquement ces tests et conclu à l'absence de risque.

Mentionnons aussi le très médiatique maïs Mon863. Il n'a induit aucune différence dans les tests d'alimentarité sur des poulets et les variations hématologiques, du poids et de l'inflammation des reins rapportées chez les rats furent jugées « sans signification biologique » par l'Afssa (avis du 2 décembre 2003, accessible sur Internet). Mais ces observations doivent « faire l'objet d'interprétations plus approfondies » selon l'autre agence française, la Commission du Génie Biomoléculaire (CBG; avis du 31 octobre 2003, sur Internet). Le 23 avril 2004, les procédures d'évaluation des OGM furent mises en cause dans un article d'un journal français du soir, intitulé « l'expertise confidentielle sur un inquiétant maïs transgénique », suscité par une organisation anti-OGM. Le travail d'expertise approfondie de la CGB suivait néanmoins son cours : elle fit appel à des experts extérieurs qui conclurent que les « variations » étaient dues à une *néphropathie* et à une *néphrocalcinose*, affections du rein « communes chez la plupart des souches de rats utilisées en laboratoire » (avis CGB du 16 septembre 2004). La CGB conclut également (23 novembre 2004), à la lumière d'une nouvelle étude sur les rats, que les variations du poids des reins « s'inscrivaient dans la gamme des variations naturelles ». Les experts européens de l'Efsa émirent aussi un avis favorable le 29 octobre 2004. « *Fausse alerte...* » titra un autre journal français le 26 novembre 2004, en mettant en cause ceux qui l'avaient suscitée. Cependant, ce maïs a de nouveau fait couler de l'encre médiatique au printemps 2005 : des articles ont fait état de l'existence d'un « rapport secret de 1 139 pages », détenu par Monsanto, qui prouverait la dangerosité de ce maïs. Un communiqué de l'Efsa (24 mai 2005) a révélé qu'il s'agissait en fait du dossier d'évaluation des risques, auquel ont eu accès toutes les agences qui se sont prononcées sur ce cas ; et toutes ont conclu à sa sécurité sanitaire ! Les études sur les rats nourris par ce maïs ont par ailleurs fait l'objet d'une publication dans la revue *Food and Chemical Toxicology* (février 2006), ce qui permettra à tous les experts mondiaux d'examiner les données.

Le 10 août 1998, un chercheur du Rowett Institute (Aberdeen), Arpad Pusztai, annonça lors d'une émission télévisée à la BBC qu'il était en mesure de prouver que les plantes transgéniques pouvaient entraîner des effets inattendus sur des rats. Il s'agissait en fait d'une lignée de pomme de terre expérimentale (développée pour tester sa résistance aux insectes) possédant une protéine nouvelle appelée lectine. Pusztai affirma avoir observé une croissance retardée des rats et une suppression du fonctionnement immunitaire, effets qui ne seraient pas dus à la lectine, mais au caractère transgénique lui-même. Submergé d'appels de la presse, le directeur de l'Institut mena une enquête qui le convainquit que Pusztai ne possédait pas de données étayant ses déclarations et il décida de la suspension indéfinie du chercheur. Une autorité scientifique, la Royal Society, jugea les données « profondément imparfaites », un avis partagé par d'autres comités. Une vingtaine de scientifiques défendirent Pusztai en février 1999, mais généralement plus pour sa réputation que ses expériences présentes. Pusztai envoya ses données pour publication à la fin de l'année 1998 au journal *The Lancet*, qui les publia en octobre 1999, après des corrections demandées par les évaluateurs, non-unanimes sur la qualité de l'article. D'autres critiques suivirent la publication : manifestement ce travail n'a pas convaincu la communauté scientifique. Il continue pourtant à être considéré comme une « alerte » par les opposants aux OGM qui ont élevé Pusztai au rang de victime (en raison de son renvoi). Il est permis de penser que ce chercheur est tombé dans un piège médiatique : le sensationnalisme. Aujourd'hui sa victimisation politique va de pair avec son naufrage scientifique. En effet, les déclarations prématurées à la presse ne sont pas conformes à la déontologie scientifique (l'usage veut que la publication scientifique soit parue avant). De plus, certaines des déclarations initiales, sur la réduction de la croissance et les problèmes immunitaires, ne figurent pas dans la publication, qui s'appuie exclusivement sur des observations microscopiques de la taille de cellules intestinales. Notons pour finir que cette pomme de terre n'est pas susceptible de présenter un impact sur la santé : cette variété ne sera pas commercialisée (la toxicité inhérente de cette lectine, bien que plus forte chez les insectes, est aussi reconnue chez les mammifères).

Et les effets à long terme ?

La *Society of Toxicology* a pris position en 2003 en affirmant que « le niveau de sécurité pour les consommateurs des aliments issus des biotechnologies apparaît équivalent à celui des aliments traditionnels », ce que confirme en d'autres termes un rapport conjoint de la FAO et de l'OMS de 2005 (sans pour autant nier l'utilité d'une évaluation des risques). Les contempteurs des OGM font, eux, remarquer l'apparition de problèmes « à long terme » dans d'autres affaires. Il semble ainsi judicieux que les chercheurs tentent de relever le défi de l'identification d'effets faibles qui ne seraient pas immédiatement perceptibles – une question plus générale que le cas des plantes génétiquement modifiées.

Une approche envisageable serait de réaliser des expériences en suivant des animaux sur plusieurs générations. Une étude américaine, publiée en 2004, a examiné les cellules de testicules de souris afin de mettre en évidence d'éventuels effets toxiques à long terme d'un soja transgénique. Les effets de toxiques chimiques ou d'une déficience alimentaire sont en effet visualisables grâce à ces cellules. Ces chercheurs ont fourni ce soja (et un soja conventionnel témoin), dans le cadre d'une nourriture équilibrée, à 4 générations successives de souris. Aucune différence n'a été mise en évidence dans le développement des spermatozoïdes, ni d'ailleurs dans le nombre de petits des différentes portées, ni dans le poids des souris jusqu'à leur taille adulte.

La question du cancer s'avère riche d'enseignement... sur les difficultés à identifier ses causes dans l'alimentation. Il existe 100 000 composés chimiques d'origine végétale, jusqu'à 5 000 dans certaines espèces, et la moitié de ceux qui ont été étudiés se révèle « cancérogène » lors de tests de laboratoire. La liste des composés mutagènes présents naturellement dans nos aliments, ou qui se forment après cuisson, apparaît effrayante. Il s'agit cependant de tests impliquant des doses fortes, et qui sont contestés par certains pour ne pas prendre en compte toutes les facettes du phénomène. Certains voient cependant un lien entre alimentation et cancers dans un tiers des cas. Nos aliments, fort heureusement, contiennent aussi des substances qui nous protègent. Certains soutiennent que le manque de telles substances représente le lien causal principal entre l'alimentation et certains cancers. On peut donc raisonnablement penser qu'une alimentation équilibrée, sans excès calorique, est une pratique plus pertinente que le bannissement d'un aliment donné ou l'abus d'un autre jugé miraculeux.

Il n'y a donc aucune raison scientifique de considérer les OGM comme des aliments à part, potentiellement impliqués dans des cancers d'origine alimentaire. Mais prouver l'innocence n'est pas aisée. De même, des aliments *fonctionnels*, enrichis par transgenèse ou par voie conventionnelle en certaines substances (vitamines, anti-oxydants, etc.) pourraient contribuer à une meilleure santé, mais le démontrer *a priori* sera un vrai défi. Il ne semble pas réaliste d'espérer prouver de tels effets, positifs ou négatifs, sur la base des tests qui utilisent habituellement des substances individuelles, à fortes doses, alors que ce sont des aliments entiers qu'il faut tester dans ces cas. Pourrait-on alors envisager des études épidémiologiques ? C'est-à-dire tenter de corréler des maladies et des facteurs tels que les habitudes alimentaires (en l'occurrence la consommation d'OGM) chez des populations aussi nombreuses que possible. Encore faudrait-il que ce soit réalisable ! Or les pays qui consomment le plus les aliments dérivés des plantes génétiquement modifiées actuelles n'étiquettent pas leurs produits, et ceux qui ont mis en place l'étiquetage et la traçabilité ne les consomment pas! Si l'on examine les effets bénéfiques des fruits et légumes, dont la consommation est à encourager, toutes les études épidémiologiques ne semblent pas univoques quant à leur capacité de prévention de cancers. On peut donc fortement douter du caractère informatif de telles études dans le cas d'OGM pour lesquels une équivalence nutritionnelle a été rapportée par ailleurs.

Nous pouvons donc laisser la conclusion à la FAO et à l'OMS: « on sait très peu de choses des effets à long terme que peut avoir... n'importe quel aliment ».

EN GUISE DE CONCLUSIONS

Les publications scientifiques, éminemment diverses, consacrées aux avantages et inconvénients des plantes génétiquement modifiées émanent pour la plupart d'organismes publics de recherche, mais les entreprises privées développant ces plantes y ont pris leur part, elles aussi. Dans le cas de publications dans des journaux scientifiques et validées par un comité de lecture, les résultats montrent peu de divergences que l'on ne puisse expliquer par la variabilité inhérente au vivant ou la portée limitée d'une expérimentation. De même, aucune contradiction flagrante n'apparaît entre études financées par le « public » et par le « privé ». Ne généralisons pas, mais dans ce cas la recherche, sans distinction de statut, interpellée par la société, peut réduire les incertitudes scientifiques sur un dossier pourtant doté d'une forte charge symbolique. C'est une bonne nouvelle !

Il faut également souligner l'ampleur du dialogue international qui a présidé à la recherche d'un consensus scientifique sur les méthodologies de l'évaluation des risques. Et le débat se poursuit. Nous laisserons aux sociologues et aux historiens le soin de déterminer si ces efforts trouvent une juste place dans les jugements de la société. Ceux-ci sont manifestement les fruits d'une perception complexe...

Il n'est pas question ici de dire « ce qu'il faut penser des OGM ». Chacun pensera ce qu'il voudra, en fonction de ses présupposés, de sa vision du monde... Il convient seulement de déterminer quels enseignements généraux la société et ses décideurs peuvent tirer de ces études et de ces débats.

En guise de conclusions

Tout d'abord, les « *divisions des chercheurs* », souvent mises en scène, apparaissent bien minces dans les *conclusions* de la littérature scientifique, même si elles sont présentes dans les *opinions* personnelles. La société, qui sollicite de plus en plus souvent l'expertise des chercheurs, devra peser l'importance relative qu'elle souhaite donner aux conclusions ou aux opinions. La question des « alertes » scientifiques est ainsi posée. Nous en avons discuté maints exemples le long de ces pages. Peuvent-elles servir à identifier une menace non caractérisée par la connaissance scientifique du moment ? Ces « signaux d'alarme » sont tirés dans la grande majorité des cas pour des raisons spécieuses, mais il est de l'intérêt général de ne pas se priver de la petite minorité de vigies bien inspirées. Comment faire la part de choses ? Comment gérer ces alertes ? Toutes les données nécessaires nous sont fournies par la controverse sur les OGM.

Le questionnement politique, le débat sociétal et la mobilisation des chercheurs sur le cas des OGM peuvent inspirer un nouveau *contrat social* entre la science et la société. Les obstacles sont cependant patents. Il faut ainsi mentionner les réelles difficultés à communiquer des organismes publics chargés de la recherche ou du contrôle de la sécurité sanitaire et environnementale. Cohésion interne limitée par les choix politiques ou philosophiques de certains personnels, faible priorité donnée à la « communication », manque d'intérêt des médias pour « les trains qui arrivent à l'heure », toutes ces explications semblent recevables. Une chose est certaine : le positionnement de la recherche publique – donc au service du public – dans ce débat lui aussi public apparaît souvent « hors-jeu » en termes de communication.

Avenir et impact de l'agriculture, innovation et précaution, évaluation scientifique et gestion politique des risques, liberté du commerce et pouvoir de marché, etc., les OGM suscitent des questions qu'il aurait fallu se poser avant...

TABLE DES MATIÈRES

AVANT-PROPOS 3

CHAPITRE 1.
SUR L'ADN, LES GÈNES
ET LES MODIFICATIONS GÉNÉTIQUES 5

    Les gènes et la vie
    (une histoire de quelques milliards d'années) 5

    Les gènes et l'agriculture
    (une histoire d'environ 10 000 ans) 11

    Brève histoire d'une avancée majeure
    de la recherche (un quart de siècle) 16

    Applications et exigences sécuritaires
    (une dizaine d'années) 20

CHAPITRE 2.
SUR LES PLANTES GÉNÉTIQUEMENT
MODIFIÉES ET L'ENVIRONNEMENT 26

    Les plantes Bt:
    auto-défense contre des insectes nuisibles 26

        Quelques généralités 26

        Les plantes Bt: une réduction dans l'emploi
        des insecticides? 30

Table des matières

    Les plantes Bt: impacts sur les insectes non-cibles 32
    Les plantes Bt: effets en cascade
    sur des insectes prédateurs ou parasites? 37
    Les plantes Bt et la biodiversité 42
    Les plantes Bt et les résistances chez les insectes 44
    Plantes Bt et écosystèmes des sols 48

Les plantes tolérant un herbicide 54
    Quelques généralités 54
    Plantes transgéniques et emploi des herbicides 56
    Les herbicides et la contamination des eaux 57
    Plantes tolérant un herbicide :
    la question de la biodiversité 59
    Le soja herbicide-tolérant en Amérique du Sud 62
    Herbicides et apparitions de mauvaises herbes résistantes . 64
    Lorsque la plante cultivée devient une mauvaise herbe 66

La dispersion des plantes transgéniques 68
    Les plantes transgéniques peuvent-elles envahir
    des milieux naturels? 68
    Présence fortuite de transgènes :
    flux de gènes entre variétés 71
    Coexistence et réversibilité 76
    Flux de gènes vers des espèces apparentées 78
    Le cas spécifique de la moléculture
    et la maîtrise de la dispersion des transgènes 85

Les plantes résistant à des virus 86
    Les bénéfices escomptés 86
    Les stratégies utilisées pour obtenir
    des plantes résistant à un virus et les risques potentiels 90

CHAPITRE 3. SUR LES PLANTES GÉNÉTIQUEMENT MODIFIÉES ET LA SANTÉ 94

Bénéfices et risques :
ce qui est possible, ce qui est probable 94
  OGM : quels bénéfices pour la santé ? 94
  Pesticides et santé : le cas du glyphosate 96
  La difficile prédiction des allergies 98
  La toxicité des protéines 103

Quand l'ADN se déplace : risque ou banalité ? 105
  Les gènes de résistance aux antibiotiques 105
  Les possibilités de transferts de gènes vers les bactéries 108
  Le devenir chez l'Homme de l'ADN alimentaire 110
  Insertions de gène, phénomènes courants chez les plantes 111

Évaluer les risques, jusqu'où aller ? 114
  L'évaluation de la sécurité sanitaire des OGM 114
  *Polémiques autour de l'évaluation
  de la sécurité sanitaire* 118
  Et les effets à long terme ? 121

EN GUISE DE CONCLUSIONS 124